沖縄の在来家畜

その伝来と生活史

新城　明久
Akihisa Shinjo

ボーダーインク

まえがき

人間が、自らの足と手で山野や海を駆け巡り、食料を確保したのが狩猟採取の「第一の時代」（狩猟の時代）である。この第一の時代を経て、野生動物を捕獲し、飼い慣らし、家畜化することにより、家畜から乳や肉、卵、役を得てきた。他方で、野生植物からは生産性の高い作物を確立したのが「第二の時代」（家畜化・作物化の時代）である。この時代は、家畜化の初期の段階からさらに効率的な乳・肉・卵の生産を目指し家畜を改良してきた。また、役利用のため農具を発明・改良し、田畑を開墾し、耕し、食料の増産が行われた。

さらに家畜を活用することにより、人間は食料の生産と行動圏を飛躍的に拡大させた。犬は猛獣から人間の身を守り、狩猟を助け、猫はネズミを退治した。このように家畜は、私達の生活のなかで陰日向となり、深く人間の生活を支えてきた。

しかし各種機械類の発明により産業革命を終え、交通手段と農作業が飛躍的に迅速化した。さらに機械の改良は加速し、あらゆる生産手段は機械に置き換わった「第三の時代」（機械化の時代）に入った。第三の時代、つまり「脱畜力化時代」である。

現代は、さらなる効率化を目指し、器具・機材はより軽く、より小さく、より早くが求められ、大量の情報が世界を瞬時に駆け巡る「第四の時代」（情報化の時代）を迎えている。

機械化による利便性は、私達の生活スタイルを大きく変えている。機械化は人間本来の姿である「汗水垂らして働く」機会を少なくした。適度の肉体労働のある生活が理想的な生活スタイルである。肉体労働が著しく少なくなった環境では、人間生活になにがしか、心が不安定になる部分が生じている。また、家族構成の変化によって、一人暮らしの孤立感を感じる人が多くなっている。このような不安定な孤独を感じる陰の部分を癒すため、心の友として、パートナーとして、コンパニオンとして、家畜とともに暮らす機会が増え、家畜に対する思いが新たになっている。

家畜・作物と人間は「生き物同士」のつながりであるが、機械と人間は「無機物」と「有機物」の関係である。人間本来の姿は、この「生き物同士」の相互依存関係の生活スタイルである。可能な限りこの関係に多くの時間を費やすことが、より豊かな生活スタイルであると考える。

家畜の分野でも効率性が優先され、生産効率の悪い在来家畜は、隅に追いやられ、絶滅の危機に瀕している。琉球列島には、馬、豚、犬、水牛、鶏、家鴨など多種類の在来家畜が飼われ、多様性が維持されている。しかしながら在来種の牛は絶滅し、在来山羊も途絶えつつある。

琉球人が多様な在来家畜とともに歩んできた有畜農業、循環型農業の生活様式を顧みながら、在来家畜が持っている潜在能力を再評価し、活用の道を模索する。さらに、在来家畜のいる心豊かな生活環境を想い、種の保存にも取り組み、畜産に関する知識を身につけ、持続可能な環境に優しい畜産が再構築できれば幸いである。

二〇一〇年八月

目　次

まえがき　3

第一章　在来家畜とは——9

一、家畜化の動機——10
二、在来家畜とは何か——10
三、一五世紀の琉球各島にみられる家畜——12
四、南からの農耕文化、北からの牛・馬の合流——19
五、琉球列島への家畜の渡来——24
六、方言名からの来歴——26
七、農耕の始まりについて——28
●コラム　サトウキビ（甘蔗）と製糖法の導入　23
●コラム　与那国島の獣殺傷禁止期間（カンブナガ）　30

第二章　人々と深く関わった在来家畜——31

一、馬——32
1．馬を知る……32
馬の進化の経過と伝播／アジア馬の祖先／馬の毛色／
馬肉・馬油・尾毛／琉球への伝播／馬とハブ毒
2．琉球における馬の使役の変遷……39
3．宮古馬の改良……43
4．与那国馬……44
5．馬を活用し楽しもう……46
6．馬の行事……48
7．在来馬とロイヤルファミリー……49
●コラム　遺伝のはなし　馬とロバの関係　37

二、豚——52
1．豚を知る……52
起源と伝播／豚肉の名称
2．改良の経過……55
アグーの復活
3．アグー肉に対する高い評価……58

三、山羊——61
1．山羊を知る……61

起源と伝播
2. 沖縄における改良の経過……67
3. 肉用山羊……69
4. 乳用山羊……72
5. 闘山羊（ピージャーオーラサイ）……72
6. 台湾の山羊事情……73
7. 台湾における発情季節の制御……76
●コラム　間性（ホーダニ）の遺伝　65
●コラム　寝込んだ山羊飼い老婆　66
●コラム　山羊汁の効能　71
●コラム　多良間ピンダで島興し　75
四、牛――78
1. 牛を知る……78
起源と伝播／ひれステーキとはどの部分
2. 沖縄における改良の歴史……82
役から肉へ／乳用牛＝酪農
3. 闘牛（ウシオーラセー）……86
五、在来鶏（チャーン）――88
1. 鶏を知る……88
起源と来歴／属間交配
2. 沖縄の養鶏の変遷……91
採卵鶏／肉用鶏：ブロイラー
3. チャーンについて……95
4. タウチー……98
●コラム　友引と鶏　93
●コラム　チャーンとお年寄り　95
第三章　人々に愛された在来家畜――99
一、水牛――100
1. 水牛を知る……100
起源と来歴
2. 沖縄における水牛の用途……103

二、琉球犬——107
1．犬を知る……107
起源と来歴／引っ張り合い
2．琉球犬の特徴……109
●コラム　犬が化けた山羊　114
三、猫——116
1．猫を知る……116
起源と来歴
2．沖縄の猫の特徴……118
●コラム　老人ホームと家畜　120
四、かんのんアヒル（広東家鴨）＝バリケン——121
1．アヒルを知る……121
起源と来歴／ヘルシーなバリケン肉
2．かんのんアヒルの特徴……124
3．役用としての活用を……124
●コラム　薬膳料理法（クスイムン）　125
五、ミツバチ——126
1．ミツバチを知る……126
特殊な社会構造／プロポリス
2．沖縄における養蜂の始まり……130
3．花粉媒介者としての有用性……132
4．ミツバチの大量死……133
六、野生動物からの家畜化の研究——135
1．ミフウズラ……135
2．ヨナクニハツカネズミ
オキナワハツカネズミ……137
付録　畜産についての豆知識　139
参考文献および論文　146
あとがき　150

第一章　在来家畜とは

一、家畜化の動機

人間が動物を家畜化してきた第一義的な動機は、狩猟による不安定な食料の確保から、より安定した「食料の生産」に移行することであった。まず人は、家畜を飼い慣らし、肉と乳の食料を生産し、腹を満たし、毛・皮を身にまとい雨・風・寒を防ぎながら生活を安定させようとした。

他方、人間は、「霊妙不思議な力を持つすぐれた者、万物の頭といわれる霊長類」である。

常に遭遇する地震、雷、干ばつ、水害、火事、日食、月食の自然現象はすべて神々がもたらすものと信じていた。それゆえ、神々に動物を生けにえとして捧げ、祈ることにより、天変地変の自然災害は静まるとの思いから、得難い、尊い、高貴な獣肉は神々に捧げる祭祀用としても利用されていた。畜種により、食料か祭祀用かの相対的重要度は異なるが、多くの場合は食料と祭祀用は渾然一体であった。

二、在来家畜とは何か

人は長い歴史のなかで有益と思われる野生動物を飼い慣らし、繁殖させ、利用し易いようにしてきた。これが家畜である。つまり「人の管理下で繁殖する動物」である。人の管理下で繁殖しない動物は、家畜とはならなかった。例えばライオンは戦争に使うため家畜化が試みられたが、人に慣れず、繁殖することはなかった。古代エジプトの壁画に見られるようにエジプト人は、あらゆる野生動物を飼う試みをしたと思われる。そのなかで世界共通の家畜になったのは哺乳動物が十数種、鳥類が十種以内である。これらの家畜はそれぞれの地域の環境の中で長い間飼われ、乳・肉・卵・役・毛・皮などを生産し、人の生活に役立ってきた。

琉球諸島においては、野生の猪と鹿を一時期飼育した形跡があるものの、野生の動物から家畜化にいたった畜種はいない。あらゆる種類の家畜は近隣のアジア諸国や日本内地から持ち込まれたものである。これら導入された家畜は、人の手により積極的に利用目的に応じて改良され、洋種と交雑されることなく維持された。その集団が「在来家畜」である。

すなわち在来家畜とは、その地域で古くから飼われており、他の品種と交雑されることなく維持されている地方種のことである。

広義に解釈すれば、野生原種と、近代育種理論に基づいて特定の利用目的に沿って改良され、遺伝的に固定された品種との間にある土着の家畜が在来家畜であるということになる。つまり、野生種→在来種→品種である。これらの在来家畜は、強健で抗病性に富むが、経済的な生産能力は劣ることから、隅に追いやられ、絶滅の危機に瀕している集団でもある。

沖縄の在来家畜は、第二章以降で述べる与那国馬、宮古馬、在来豚（アグー）、水牛、琉球犬、チャーン、かんのんアヒル（バリケン）などである。

沖縄において農業を営む者が多かった一九六〇年代以前は、農業の機械化が本格化しておらず、家畜は生活する上で欠くことの出来ない重要な役割を果たしていた。島の暮らしの中で家畜は田畑を耕し、荷を運搬し、人を運ぶ交通手段となり、さらには肉や乳や卵によって動物たんぱく質をも供給してきた。島での暮らしと在来家畜との結びつきは深く、生きた文化財としての役割を果たしてきたのである。在来家畜は乳・肉・卵の生産能力が劣るとはいえ、飼いやすく、強健で、従順な性格を持つなど、愛着を抱かせる「シマーグヮー（島の在来種）」である。

近年、機械化に伴い家畜の役利用は極端に後退し、家畜はひたすら動物たんぱく質を供給することを目的とされるようになった。生産効率を重視するあまり、生産性の低い在来家畜は、生産能力の良い改良種に置き替わり、隅に追いやられているのが現状である。

人が家畜に求める用途は時代とともに変化する。将来、家畜の改良のために遺伝資源、育種素材としても在来家畜は貴重な存在である。そのため在来家畜の特徴や有用性を積極的に評価し、活用しながら保存することが重要な課題となっている。

ちなみに、牛と山羊に関しては「在来種を保存する」という意識が低く、遺伝的多様な価値を見いだせないまま生産性重視の経済効率のみを高める目的で改良種との交配が繰り返された。そのため、沖縄県には在来牛は残っていない。山羊は何とか在来種に近い個体が散在し、在来種の復元は可能である。

三、一五世紀の琉球各島にみられる家畜

歴代朝鮮王朝（一三九二〜一九一〇）には、周辺諸国における出来事を詳細に収録した『朝鮮王朝実録』がある。それには、朝鮮からの漂流民がたどりついた琉球の島々で見聞きしたものに関する記載が収められている。一四七七年二月、嵐で船が難破し、ほとんどの乗組員が死亡した中で、金非衣、姜茂および李正の三人の乗組員が与那国島で漁民に助けられ、与那国島に約六ヶ月滞在したあと、表一・三・一の上欄から下欄の島伝いに那覇にたどり着いた。彼らはそれぞれの島に一〜五ヶ月間滞在し、島の生活の状況を記録した。その後、薩摩・博多を経て朝鮮に一四七九年に送り返され、その時の島の状況を朝鮮府に報告したのである。この記録は琉球に関する文献で、島ごとの生活の様子を文字として残した最古の書物である。これは一般に「李朝実録」として知られている。

『朝鮮王朝実録　琉球資料集成【訳注篇】』（榕樹書林）の中から、調査した鳥獣を示すと次の表一・三・一のようになる。

各島共通して飼養されている家畜は牛、猫および鶏である。当時は馬、山羊または緬羊（羔）および豚は沖縄島のみに飼われていた。また、狩猟に使用したと思われる狗（犬）の飼養は比較的大きい西表島、宮古島および沖縄島で見られる。

食文化で興味あるのは、沖縄島以外では鶏肉を食べ

表 1・3・1.『朝鮮王朝実録』に記載のある、15 世紀（1477 ～ 1479）の琉球各島にみられる家畜と野生動物

島	家畜	牛肉	鶏肉	蝸肉	野生動物
与那国島	牛、鶏、猫	×	×	不明	鼠、亀、蛇、蟾《ひきがえる》、蛙、蚊、蠅、蝙蝠《こうもり》、蜂、蝶、螳螂《かまきり》、蜻蜓《とんぼ》、蜈蚣《むかで》、蚯蚓《みみず》、蛍、蟹、鳩、黄雀
西表島	牛、鶏、猫、狗《いぬ》	○	×	○	豕《いのしし》、鼠、蚊、蠅、蟾、蛙、蛇、蝸《かたつむり》、烏、鳩、鸕鷀《う》、鷗《かもめ》、鷺、黄雀
波照間島	牛、鶏、猫	○	×	○	鼠、蚊、蠅、蝸、鳩、黄雀、鷗　＊
新城島	牛、鶏、猫	○	×	不明	鼠、蚊、蠅、(亀・蛇・蟾は無し)、鳩、黄雀、鷗、＊
黒　島	牛、鶏、猫	○	×	○	鼠、蚊、蠅、蝸、鳩、黄雀、鷗　＊
多良間島	牛、鶏、猫	○	×	○	鼠、蚊、蠅、蝸、鳩、黄雀、鷗　＊
伊良部島	牛、鶏、猫	○	×	○	鼠、蚊、蠅、蝸、(蛇は無し)、鷗、鷺、黄雀、鳩　＊
宮古島	牛、鶏、猫、狗	○	×	○	鼠、亀、蛇、蟾、蛙、蚊、蠅、蝸、烏、鳩、黄雀、鷗、鷺　＊
沖縄島	馬、牛、羔《コウ》（こひつじ）、猫、猪《ぶた》、狗、鶏、鴿、鵝《がちょう》、鴨	○	○	不明	鼠、蚊、蠅、蟾、蛙、亀、蛇、蝸、蜂、蝶、螳螂、蜻蜓、虻、蜱（大蟻）、蜈蚣、蜘蛛、蝉、臭虫（南京虫）、蚯蚓、蛍、螽《いなご》、蝙蝠《こうもり》、烏、鵲《かささぎ》、黄雀、鷹、燕、鷗、鸕鷀《う》、鴟《とび》

「牛肉・鶏肉・蝸肉」の項目で、○は食べる、×は食べない。
＊の島における昆虫の種類は、記載されたもの以外は与那国島と同じ。
羔は緬羊または山羊である。

てないことである。鶏は、時を告げる「神の使い」であった。

中国でも「羊」は山羊と緬羊をあらわし、両者を区別しない。山羊と緬羊は一緒に放牧することからあえて区別する必要はなかったのではないだろうか。

金非衣等より以前に、朝鮮人の梁成等が一四五六年二月久米島に漂着し、一ヶ月後に沖縄島に送られ、そこで四年半過ごし一四六一年六月に帰国した。また、肖得誠等八名は一四六一年二月宮古島に漂着し、四月に沖縄島に送られ、七月に朝鮮に帰国した。その時の記録が表一・三・二の沖縄島における動物である。表一・三・一と重複する動物が多いが、獐《のろじか》、鹿、鸚鵡《おうむ》が沖縄島にいたのが大きな特徴である。鸚鵡は沖縄島には棲息していなかったと思われ、東南アジアとの交易により輸入されたと考えられる。

このように琉球人は、漂流してきた異民族に対し救助の手をさしのべ、食料を与え、ていねいに本国に送り返す博愛に満ちた心を持つ民である。また、異民族であっても、ともに生きる精神構造を持っていると思われる。これは琉球人として誇るべき遺産である。

主な貝塚や遺跡などから出土した家畜の化石については『沖縄県史 各論編二 考古』をはじめ各市町村が発行した文化財調査報告書を基に調査し示したのが表一・三・三である。

なお、時代区分の年代は歴史書などを参考にして、著者の判断でおおざっぱに示した。

表 1･3･2. 沖縄島の家畜と野生動物

年	漂流人氏名	家　畜	野 生 動 物
1456 年	梁成等二名 久米島漂着	牛、馬、猪、鶏、犬	鴉《からす》、雀、鸚鵡《おうむ》
1461 年	肖得誠等八名 宮古島漂着	牛、馬、鶏、犬	獐、鹿、燕、鶯、鴉、鳩、黄雀

表 1·3·3. 貝塚・遺跡から発掘された畜獣の年代と種類

	遺跡・貝塚	所在地	時 代	種 類
1	港川フィッシャ遺跡	具志頭村	旧石器	港川人
2	山下第一洞穴	那覇市	旧石器	洞穴人、シカ
3	カダ原洞穴遺跡	伊江島	旧石器	洞穴人、シカ、イノシシ
4	ゴヘズ洞穴	伊江島	旧石器	洞穴人、シカ、イノシシ
5	下地原洞穴	久米島	旧石器	洞穴人、イノシシ
6	ピンザ洞穴	宮古島	旧石器	洞穴人、イノシシ、ノロジカ、ヤマネコ
7	白保竿根田原洞穴	石垣島	旧石器	洞穴人
8	野国貝塚B地点	嘉手納町	縄文時代	イノシシ
9	荻堂貝塚	北中城村	縄文時代	イノシシ、イヌ
10	古我地原貝塚	石川市	縄文時代	イノシシ、イヌ、ウシ、ウマ
11	阿良貝塚	伊江島	弥生～平安並行時代	イノシシ、イヌ、ウシ
12	具志原貝塚	伊江島	弥生～平安並行時代	イノシシ 700 点、イヌ
13	清水貝塚	久米島	弥生～平安並行時代	イノシシ、イヌ
14	北原貝塚	久米島	弥生～平安並行時代	イノシシ、ウシ、ウマ、ヤギ、ネコ
15	久良波貝塚	恩納村	弥生～平安並行時代	イノシシ、イヌ、ウシ、ウマ、ヤギ、ブタ
16	備瀬貝塚	本部町	弥生～平安並行時代	イノシシ、ヤギ、イヌ
17	北谷城第七遺跡	北谷町	グスク時代	イノシシ、ウシ、ウマ、ヤギ
18	後兼久原遺跡	北谷町	グスク時代	イノシシ、イヌ、ウシ、ウマ、ブタ

注:グスク時代以前の家畜の化石については複合遺跡で後世遺物の可能性がある。
旧石器時代：前 10,000 年以前。縄文時代：前 10,000 ～前 500 年。
弥生時代～平安時代並行期:前 500 年～ 1,100 年。グスク時代:1,100 ～ 1,500 年。

表 1·3·4.『琉球国由来記』（巻四）に記載された家畜の種類と導入先

家　畜	導　入　先
牛、馬、羊、豕	是和漢ノ間ヨリ渡シ来ル物ナラン
山猪	是者本国生産也
犬	是和国ヨリ帯来ルナラン
猫	是ハ唐ヨリ帯来モノナラン
鹿	是崇禎年間、尚氏金武王子朝貞、従薩州帯来、慶良間島ノ内、古場島ニ放飼也
綿羊	近頃唐ヨリ帯来リ奥山ニ放飼タルナリ
雞	是和漢両国ヨリ帯来ナラン
烏骨雞、闘雞	近比唐ヨリ来也

注訳：ここでは、羊＝山羊、豕＝豚、雞＝鶏、闘雞＝軍鶏。

表一・三・四は、一七一三年に編集された『琉球国由来記』に記載されている家畜の導入先を示したものである。しかし表一・三・一には出てくる鴨や鵝などが欠落しているのが気になる。鹿は「是崇禎年間（一六二八～一六四三）、尚氏金武王子朝貞、従薩州帯来、慶良間島ノ内、古場島ニ放飼也」とあることから慶良間諸島に現存するケラマジカは固有種でなく、約三七〇年前に薩摩より導入されたとの説の根拠になっている。

しかし、旧石器時代の二～三万年前の地層から人骨とともに鹿の骨が出土している。旧石器時代には、鹿は台湾から九州にかけて広く分布していた。また、一四六一年の『朝鮮王朝実録』に「獣には獐《のろじか》と鹿有り」と記されていることから、無人島の多い慶良間諸島には野生の鹿集団がいて、そこに鹿児島からの移入鹿が加わったと考えられる。移入鹿が、果たしてどの程度遺伝的影響を及ぼしたのか不明である。

慶良間諸島では、農作物を食い荒らす鹿を絶滅する目的で、戦前から戦後にかけて、捕獲作戦を大々的に展開した。だが、慶良間諸島のひとつである慶留間島には断崖絶壁があり、捕獲が難航し、根絶できなかった。ケラマジカの毛色、骨格、ＤＮＡの塩基配列などが他のニホンジカ集団とは異なることなどから、現存するケラマジカは太古の昔から生き続いている生来

（固有）種であることがわかる。慶良間諸島における鹿狩りは、大型の鹿でさえ地形が険しければ、野生種を絶滅させることがいかに困難かを示した例である。

　伊江島においては、島の面積が小さいことから固有の鹿の頭数は多くなく、まもなく採りつくされ、発掘された化石の多くは沖縄島で捕獲され、輸送に便利な子鹿を島に持ち込み、島で飼育されたものだと考えられる。

　ある程度人の管理下におかれた状態では、鹿が野生の環境下のように骨を咬み砕き、散乱することは考えられない。比較的ゆるい管理下にある鹿が、ある程度成熟した段階で屠殺され、肉は食され、骨の一部は器具に加工された。そのため伊江島における鹿の叉状骨器については人工骨器である。

　犬は七〇〇〇年前の縄文時代の貝塚から出土していることから最初に渡来した家畜であることがわかる。

　猪も琉球列島に広く分布し、重要な狩猟の対象で、食料源であった。伊江島のナガラ原貝塚、具志原貝塚、

写真 1･3･1．ケラマジカ（城間恒宏）

阿良貝塚、久米島の清水貝塚などから大量の猪の骨が出土している。その中に異常に大きい骨が含まれていることから、これらを豚骨と判定し、豚が導入されていたとされている。

しかし、伊江島と久米島は両島とも島の面積は小さく、島内の猪はまもなく採りつくされ、沖縄島で捕獲した猪を島に持ち込み、食料を安定的に確保するため、残飯をはじめ海産物などで飼育した。一方、久米島では沖縄島から離れているため島内産猪の絶滅を恐れ、飼育されたと思われる。

飼育により一定の年齢に達すれば屠殺し、良い種猪は長らく飼い、ある程度意識的に選抜も加えた。また、輸送手段のことを考慮に入れると、想像以上に航海術と造船技術が発達していた。

鶏は縄文時代には導入されたと思われるが、骨格は発見されていない。鶏肉は、一四七七年当時、先島諸島では食されていない（表一・三・一）ことから神聖なる時を告げる家畜として扱われていたと思われる。

さらにグスク時代になると表一・三・三に示したように牛、馬、山羊、豚の骨が出土している。また阿良貝塚の最下層のⅥ層から小型の牛が出土していることから、牛は平安初期には九州から伝わっていたことがわかる。

牛は農耕文化を劇的に変え、農業生産物は飛躍的に増大し、その結果、遺跡からも雑穀類の遺体が検出されるようになったと考えられる。

馬は、牛より遅れグスク時代初期に九州から伝わり、交通手段に革命をもたらし、グスク時代の形成にも寄与したと考えられる。なお馬は、かつて最大の生物兵器であり支配者側の家畜であった。

豚は、一四七九年には沖縄島には飼われていたが、先島諸島には飼われておらず、導入は一五世紀後半である。それまでは猪を有効に利用していた。

羔が山羊か緬羊なのか定かでないが、仮に緬羊とすると山羊は一四七七年にはいなかったことになり、もしかすると山羊は中国本土でなく台湾から導入されたとも考えられる。

四、南からの農耕文化、北からの牛・馬の合流

沖縄に人が住み始めたのは、小型の野生型のイモ類を携えた狩猟・採取を主体にした民が南方から西表島、石垣島、宮古島、沖縄島など比較的大きな島に渡って来たのが最初であるという説がある。事実、琉球列島には野生のキールンヤマノイモがある。次に、これら四島と往来可能な、しかもある程度農耕可能な平らな伊江島、伊良部島、波照間島などの周辺離島に渡り、不安定ながら集落を拡大して行った。これらは港川人や洞穴人と呼ばれる「狩猟民」であると考えられる。

第二波としてヤムイモと呼ばれるダイジョやタマゴヤマイモおよびタロイモなどの作物と犬を携えて、やはり南の島々から渡って来て安定した集落を形成したと思われる。これを「根菜農耕民」と呼ぶことにする。

ダイジョは日当たりの悪い木の下でも、木漏れ日が

写真 1･4･1. 野生のキールンヤマノイモ（与那国島産）
上から：カズラ、昨年の古いイモ、今年の新しいイモ

あればぐんぐん生長し木に巻き付きながら蔓を伸ばし、森林と共生する作物である。また、ダイジョは栽培もしやすく、腐葉土で覆うだけでも栽培できる。食するにあたっても、イモ類は鍋がなくとも灰の中に入れ、焼けば簡単に調理できる。このようにヤムイモやタロイモなどは栽培も料理法も、原始的な農耕に適した作物である。

当時棲息していた鹿の角や、クモガイ、スイジガイ、ラクダガイ、フシデサソリなど尖りのある大型のソデボラ科の貝類は、農具の掘り具（棒）を作るのに「天然の最良の材料」であった。ダイジョは、これらの掘り棒の農具で掘るだけでも栽培が可能である。収穫した芋は、日陰におくだけで保存でき、サンゴ石灰岩の洞窟では長期間貯蔵も出来る。

欠点として、冬の期間（一二月～三月）は、ダイジョの葉が一斉に枯れ落ち生長が止まる。またタロイモも生長は衰える。これらのイモ類の生産は春先から秋までとなる。そのため更なる食料を確保するには冬から

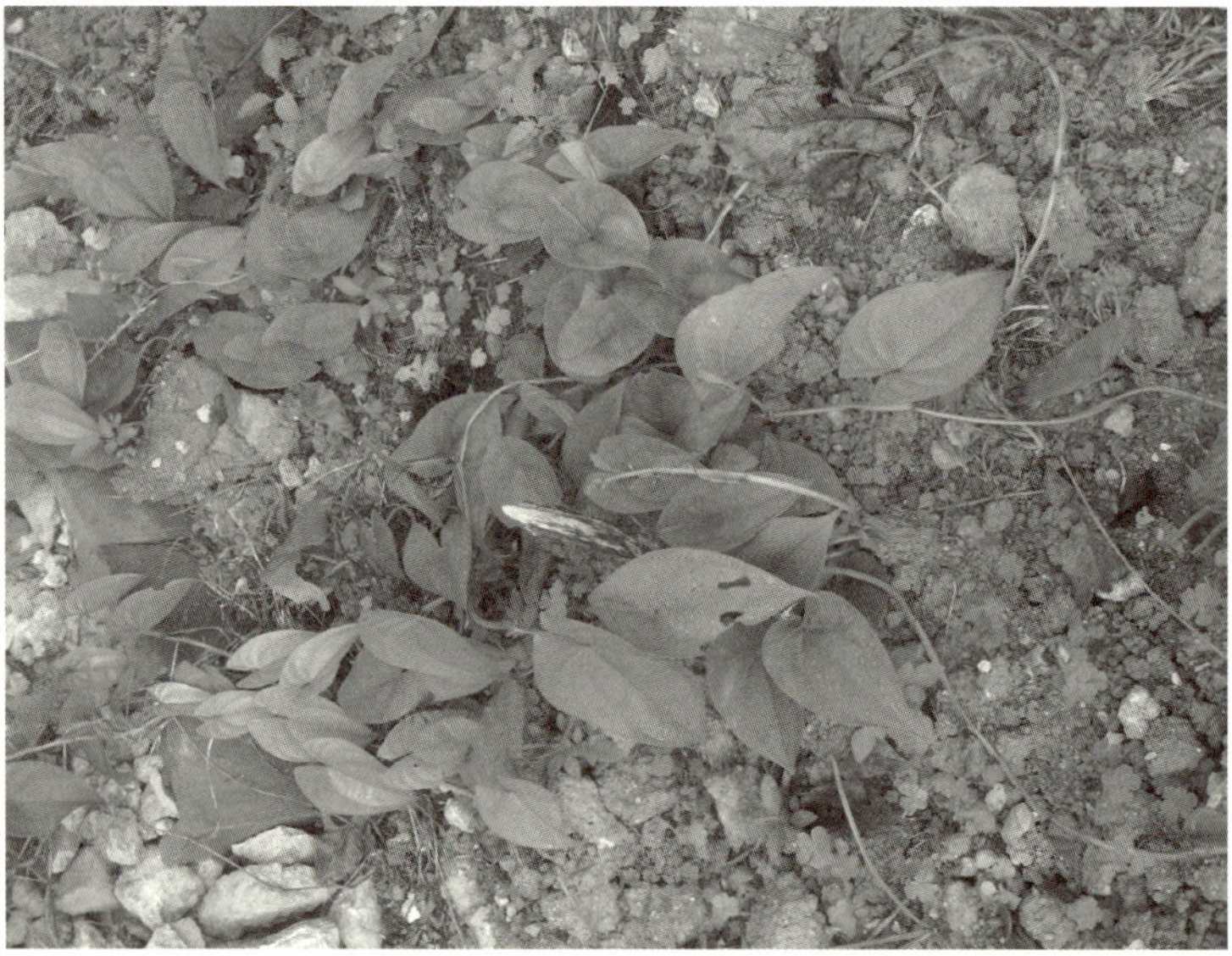

写真 1·4·2. ダイジョイモのカズラ

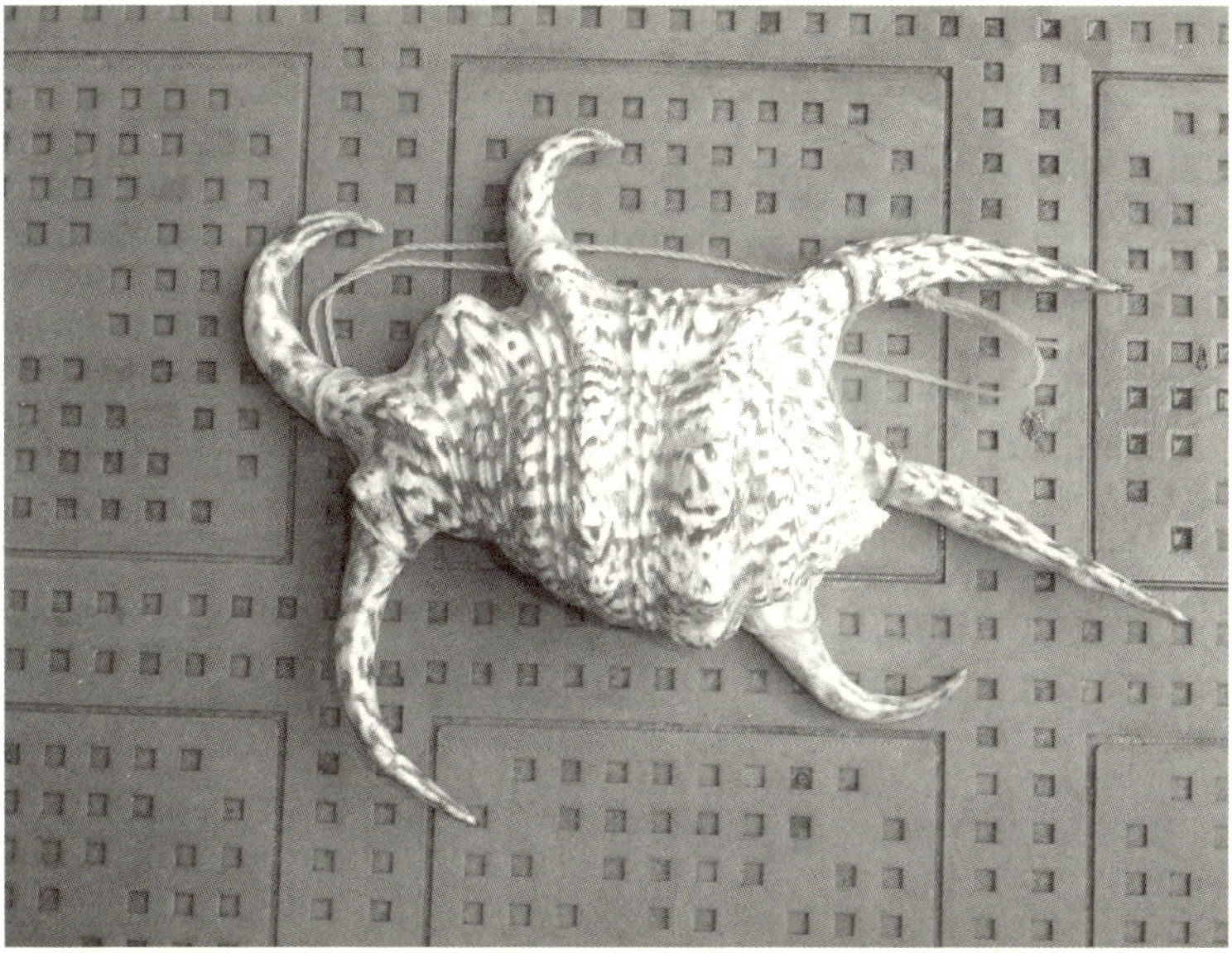

写真 1·4·3. 現在でも魔除けとして用いられるスイジガイ

初夏に生長する雑穀類が必要であった。

根菜農耕民は海の幸から食料を得ながら、鹿の角と骨および大型の貝から農具、猟具、工具などを作り、土地を掘ってヤムイモやタロイモ（サトイモ）を植え、山で猟、海で漁をした。火で大木を倒し、ツタで縛りいかだを組んで造った舟で島々を渡り、海と山の島嶼環境を多面的に有効に活用し生活をしていた。

第三波として、第一波の「狩猟民」や第二波の「根菜農耕民」に加え、雑穀農耕文化を携えた人々が南から琉球の島々に渡り、そこで農耕を営みながら定住した。島嶼集団において人が持続的に生活するためには、農耕は絶対必要条件である。根菜農耕による炭水化物の生産がなく、豊かな海の幸があるとはいえ漁労のみで小さな島で生きることはあまりにも過酷である。

このように南から渡ってきた農耕文化に、北から渡ってきた「牛」が加わり、農業生産性が飛躍的に増大した。それは弥生時代〜平安時代並行期の八世紀頃である。また、それを証明するかのようにこの時期から遺跡に多く穀物（作物）の遺体が出土している。

このように牛農耕の伝来は農業生産に革命をもたらした。その時代は遣唐使が航路を北路から南路に変更した七〇〇年代初期である。

当時の遣唐使の航海は命がけであった。そのため南路への変更に当たっては、難破して流れ着くことも想定し、南の島々については綿密な調査がされたと考えられる。事実、第一〇回の遣唐使の帰路（七五三年）沖縄島に寄港している。

前述の『朝鮮王朝実録』にあるように、琉球列島には頻繁に難破した船の乗組員が漂着していた。

また遣唐使がもたらした船、航海術などを見聞したことが、後の琉球王国の大交易時代の基礎となった。

北から伝わった「牛を伴う農耕文化」により、食料生産が増大・安定し、その後に続くグスク時代へと移行した。さらに「馬」が、一〇～一一世紀に九州から伝わり、乗馬により交通手段が飛躍的に発達し、王国建設への基礎作りとなり、本格的なグスク時代（一二～一六世紀）を迎えたことになる。

つまり南からの農耕文化と北からの「牛を伴う農耕文化」、さらに「馬」が加わり合流することにより、文化は雑種化し、飛躍的に発展した。いわゆる「文化の雑種強勢化」である。雑種強勢とは、遺伝的に異なる品種間で交配した雑種一代（F_1）が両親の品種より優れた能力を発揮することをいう。異文化がぶつかり合うことにより、これまでなかった新たな文化が大きく発展・飛躍することを「文明の雑種強勢（heterosis of culture)」と称する。

久米島のヤジヤーガマ遺跡から炭化した米や麦が出土したことから、一二世紀頃に農耕が始まったされていた。しかし那覇市の那崎原遺跡と読谷村の高知口原貝塚からはイネ、ムギ類、アワなどが見つかり八～一〇世紀まで農耕がさかのぼれるとされている。これは前述のように牛農耕により農業生産性が増大したため穀類などの遺物が多く発見されるようになったことによるものである。それ以前の農耕は遺物が残らない

●コラム　サトウキビ（甘蔗）と製糖法の導入

甘蔗の導入については、星川清親著『栽培植物の起源と伝播』に「8世紀にインド人が沖縄に伝えたとの記録がある」との記述がみられる。インド人との交易を裏付けるように、平城京跡からイスラム陶器が発見されており、8世紀には海のシルクロードが開かれていたと思われる。

また、日本語と英語で書かれ、留学生に沖縄を理解する入門書として紹介されてきた玉盛映聿・ジョン C. ジェームズ著『沖縄社会経済要覧』のなかに「1374年に中国から甘蔗を移植」とある。また、「605年に琉球がはじめて中国史に現れると」している。これらのことを考慮すると1372年に察度王が明国から詔撫使を迎える以前から、琉球には、珍しい種々の動植物が輸入されていた可能性も考えられないだろうか。

『朝鮮王朝実録　琉球史料集成【訳注編】』のなかに1421年「砂糖一百斤 を（朝鮮に）献ず」とある。1429年には「甘蔗は味甜美にして、之を生食すれば人をして飢渇を解かしむ。又、煮て沙糖を為る。琉球国は江南（中国）より得て多く之を種う。」とあり、すでにこの頃には製糖技術が確立されており、サトウキビも中国より輸入され、栽培されていたことになる。サトウキビの導入については不明の点があったが、これらの文献から、最初はインドから、次いで中国から伝播したということが明らかになっている。なお、紅型もインドに起源があるとのことである。

これまでは、儀間真常が儀間村人を福建に派遣し、1623年に中国から製糖技術を導入したと考えられている。その技術とは圧搾機と新たに改良された製糖法である。インドで発明されたサトウキビ木製圧搾機の二連車が中国を経て琉球に導入された。1663年には武冨重隣が白糖製造技術を福建から持ち帰った。

導入された二連の圧搾機は、1671年に真喜屋実清が三連車に改良し、搾汁率が増大した。1808年には奄美大島で木造ローラーに金属を嵌め込む鉄輪車が考案された。1854年になると大木の伐採が進み森林が減少したこともあって、ローラーが石製に変わっていった。その後、鉄製のローラー（鉄車）が製造され、沖縄でも1882年から使用された。

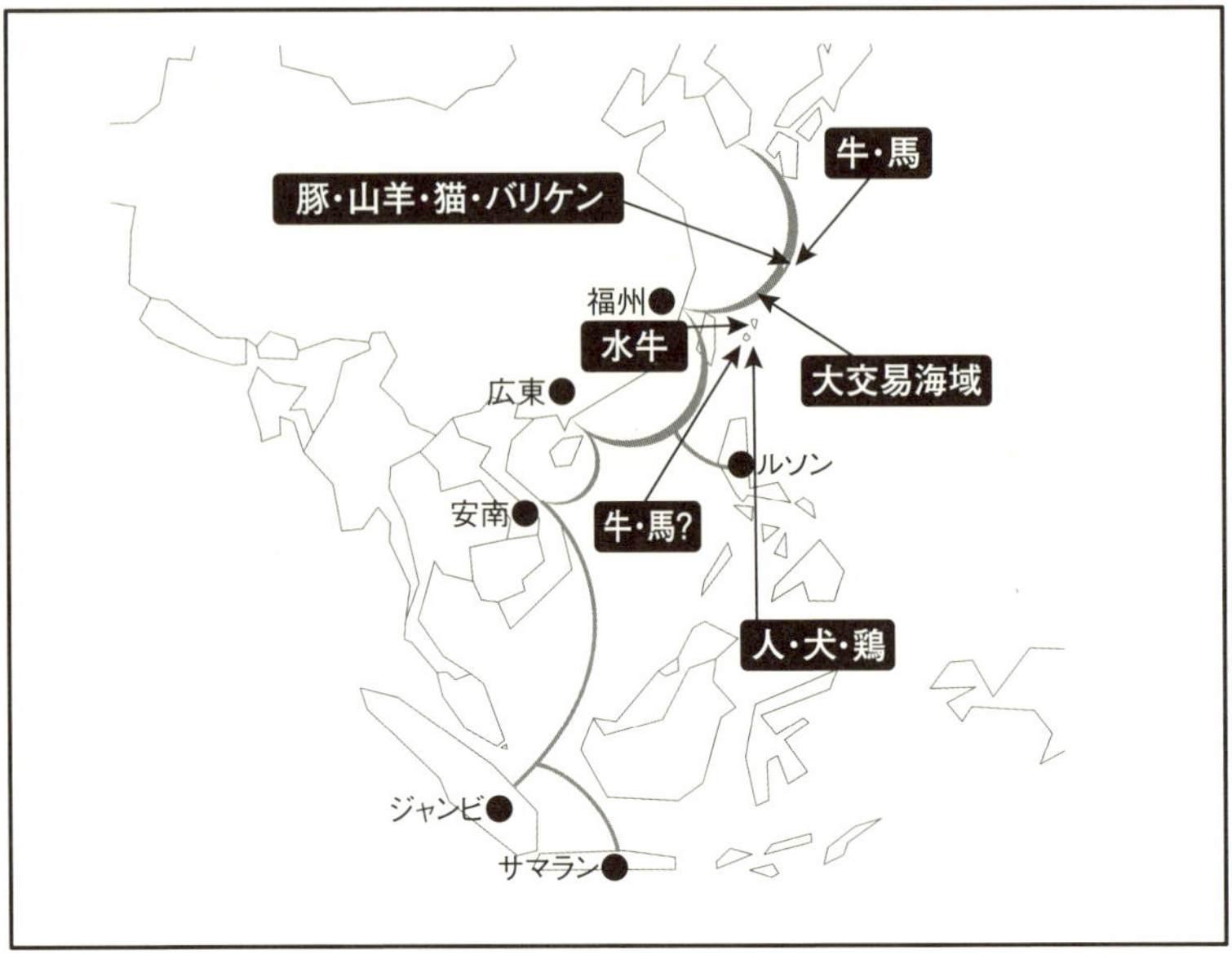

図 1-5-1．琉球列島への家畜の導入径路

「イモ農耕文化」が主体であり、穀物生産物が少なかったため遺物も発見されにくかった。

琉球列島の本格的な農耕の始まり、つまりイモを含めた雑穀農耕は、従来の一二世紀説や八世紀説より古く、佐々木高明は、フィリピン、台湾を通して琉球の島々にもたらされのは縄文晩期としている。

ダイジョ農耕も含めたものを農耕の始まりとするのであれば、さらに古い時代の「縄文前期」まで遡ると考える。

五、琉球列島への家畜の渡来

在来家畜の起源を述べる前に、琉球列島を取り巻くおおよその交易について論ずる。

七世紀頃から散発的ではあるが福州・琉球・九州・朝鮮を結ぶ「黄金の三日月海上ゾーン」、および中国南部に至る大海上交易路（図一・五・一）が開かれていた。前述のように唐に派遣される遣唐使が、航路を北路から南路に変更したことから、八世紀から一二世紀までは琉球と九州との北方交易が盛んな時代であった。第一〇回遣唐使の帰路七五三年一二月に鑑真和上、阿倍仲麻呂らを乗せた三隻が沖縄島（阿児奈波島）に寄港している。遣唐使が琉球に何をもたらしたのか。この部分が実は、歴史上重大な空白地帯となっている。歴史学者の方々にはぜひ、この時期の琉球史にメスを入れてもらいたいものである。

一一世紀からは中国と琉球の交流が盛んになり始め、一四世紀からは中国・東南アジアとの南方貿易の隆盛期を迎えた。琉球王国が栄えた大交易時代（一四〜一六世紀）は福州を拠点に中国沿岸に沿い南下、そしてタイ、インドネシアまで達し、北は鹿児島、博多、大阪堺、釜山まで及ぶ広大な貿易を営んでいた。

さらに、喜界島の城久遺跡から出土した遺物がほとんど島外産であることから、太宰府との関連が指摘されている。これらの研究結果を総合すると図一・五・一のような来歴になる。

人はインドネシアやマレー半島などからヤマイモ・タロイモと犬を携え、断続的に渡来したと考えられる。また港川人は現存する人骨では日本最古のもので一万八〇〇〇年前の旧石器時代と考えられている。鶏は、犬に次いで南方より渡来した古い家畜である。

馬は、酵素多型遺伝子などの遺伝学的研究から九州から南下したとする説が有力視されている。また前述したように喜界島に太宰府の出張所があったとする説などを考慮すると、牛は八世紀頃、馬は一一世紀頃、九州から導入されたと思われる。しかし、牛や馬の渡来については柳田民俗学派のなかには、南方渡来説が根強く残っている。

一三九二年、中国から琉球王国が進貢に必要な航海、造船、文書作成、通訳、商取引などを担当する多数の技能集団、一般には「久米三十六姓」と称される人々を受け入れた。彼らは、その後あらゆる分野で活躍するとともに、琉球人の生活、習慣などに大きな影響を及ぼした。

久米三十六姓は山羊、豚、かんのんアヒルまたは広東家鴨（バリケン）、チャーンや軍鶏などの家畜・家禽類の導入にも関わった。しかし表一・三・一を参照すると、一四七八年頃には先島に豚がいなく、羔を緬羊と解釈すると、沖縄島には山羊がいないことになり、牛、鶏、猫以外の家畜は一五世紀後期にかけて導入された家畜である。

猫についてはこれからの研究を待たなければならないが、前述の大交易時代以前に中国や南の国々または九州から持ち込まれたと考えられる。水牛と黄牛は導入経過が明確で、一九三三年に台湾からである。

なお、久米三十六姓が家畜に関して特に記述した文書は、見つかっていないように思う。

表 1·6·1．各島における家畜の方言名

和名	沖縄島糸満	沖縄島読谷	沖縄島北部	伊江島
家畜《カチク》	イチムン	イチムン	イチムン	イチムシ
馬《ウマ》	ンマ	ンマ	ンマ	マー
牛《ウシ》	ウシ	ウシ	ウシ	ウシ
水牛《スイギュウ》	ミジギュウ	ミジウシ	ミジウシ	ミジウシ
豚《ブタ》	ウワァー	ウワァー	ウワー	ワー
在来豚	シマウワァー	シマウワァー	シマウワー	シマウヮ
通称	なし	アグー	アーグー	なし
繁殖雌豚	ミームン	アヒャー	アヒャー	アテウヮ
山羊《ヤギ》	ヒージャー	ヒージャー	ヒージャー	ピージャ
鶏《トリ》	トゥイ	トゥイ	トゥイ	トゥイ
兎《ウサギ》	ウサジ	ウサジ	ウサジ	ウサジ
家鴨《アヒル》	アヒラー	アヒラー	アヒラー	アテラ
犬《イヌ》	イン	イン	イン	インヌークゥ
猫《ネコ》	マヤー	マヤー	マヤー	メュ
蜂《ハチ》	ハチャー	ハチャー	ハチャー	パチ
鼠《ネズミ》	エンチュ	イェンチュ	エンチュ	ウェンチュ
鶉《ウズラ》	ウジラー	ウンラグァー	モードゥィ	ウンザ
猪《イノシシ》	ヤマシシ	ヤマシシ	ヤマシシ	なし

六、方言名からの来歴

家畜は人間が意識的に導入するため、導入に際しその名称も同時に伝わったと考えられる。しかし年の経

過とともに言葉はすこしずつ変化するため、島ごとに異なった呼び名となっている（表一・六・一）。

馬は「ンマ」が多く、宮古島が「ヌーマ」と「マ」が付いていて類似と思われる。豚は多くの島々では「ウァー」に近い発音であるが、石垣島が「オー」と著しく異なる。

家鴨が宮古島では「ガーナ」、鶏を与那国島では「ミタ」と呼び、他の島々とは大きく異なる。

漫湖に浮かんでいた小島をガーナー（ガチョウ）ムイと呼ぶ。その名の由来はガチョウが島の周辺に集まることから名付けられたとのこと。

また、こぶのことをガーナーとも呼ぶが、ガチョウは嘴にこぶがあるからではないだろうか。宮古島には、アヒルはガチョウと誤って伝えられたことになる。

表 1·6·1（続）．各島における家畜の方言名

和名	宮古島	石垣島	西表島	与那国島
家畜《カチク》	イギムズ	イキィムス	なし	カナイムチ
馬《ウマ》	ヌーマ	ンマ	ンマ	ンマ
牛《ウシ》	ウス	ウシュ	ウシ	ウチ
水牛《スイギュウ》	ミズウス	スイギュウ	ミジウシ	ミンウチ
豚《ブタ》	ワー	オー	ウワァー	ワー又はオー
在来豚	スマワァー	なし	なし	なし
通称	タウワァー	なし	なし	なし
繁殖雌豚	アヒャー	アヒャー	アヒアー	アヒヤ
山羊《ヤギ》	ピンザ	ピビジャ	ピザ	ヒビダ
鶏《トリ》	トズ	トゥルゥ	ググ	ミタ
兎《ウサギ》	なし	ウシャンギ	なし	ウサンギ
家鴨《アヒル》	ガーナ	アッピラ	アピラー	アビラ
犬《イヌ》	イン	イン	イン	イヌ
猫《ネコ》	マユ	マヤー	ナヤー	マユ
蜂《ハチ》	パツ	パズ	パジ	ハタ
鼠《ネズミ》	ユムヌ	ウヤンチュ	ウヤンチュ	ウヤントゥ
鶉《ウズラ》	ウザ	ウッツァ	ウッツァ	ウドル
猪《イノシシ》	なし	ウムザァ	カマイ	ウムダ

山羊は「ヒ」または「ピ」が冒頭にあり、いずれも似ている。

方言名からのみ単純に判断すると、呼び名が他の島々とは著しく異なる与那国の鶏、宮古島の家鴨は、起源を台湾など南方の国々に求められないだろうか。

他方、野生動物は、意識的に導入したわけでなく、自然に生息していることから、呼び名が島ごとに大きく異なっていてよいはずだが、意外に似ている。

しかし、猪は、沖縄島が「ヤマシシ」、石垣島が「ウムザァ」、西表島が「カマイ」とそれぞれ異なる。鼠の呼び名も沖縄島では「イェンチュ」系、宮古島では「ユムヌ」と著しく異なる。

ちなみに、「リュウキュウジャコウネズミ」は沖縄島では「ミックァ（目くら）ビーチャー」、宮古島では「ザカ」、与那国島では「ダカティ」である。

七、農耕の始まりについて

島嶼は、人が農耕を持たずに持続的に生活するには厳しい環境である。海の幸だけで、短期間の生活が可能であるとしても、世代を重ね持続的な生活を維持することは不可能である。原始的な農耕を伴ってはじめて島嶼での生活が安定し、継続可能になる。

波照間島の下田原式土器が三六〇〇年前だとすると、すでにその頃、何らかの作物（ダイジョ）が栽培されていたことになる。土器は鍋であり、水や食料・穀物の貯蔵器でもある。波照間島のような小島に人が定住するには、食料供給基地の西表島が対岸にあっても農耕は不可欠であった。

二〇〇〇年前の弥生時代には、琉球産のホラガイ、イモガイが、腕輪や垂れ飾りなどの装身具として日本本土にもたらされ、「貝の道」が開かれていた。

中国最古の王朝である殷（前約一七〇〇～前約一一〇〇年）は宮古島近海産のタカラガイを貨幣として使用し、広大な交易が行われていた。これらの史実から農耕を見直す必要がある。

伊波普猷も引用する格言に「汝の立つところを深く掘れ」というものがある。この言葉の持つ意味は、「深く掘るためには逆円錐形のように周辺を広げなければ深く掘れない」、つまり「周辺諸国を極めることなく、琉球の歴史を掘り下げることは出来ない」という意味をも含んでいるように感じる。

　歴史を学ぶ上では、「木を見て森を見ない研究」に陥ってはならない。琉球は世界に広がるスクランブル交差点であり、海外からの視点をもった研究にも期待したい。

　次章からは、沖縄の在来家畜について述べていくこととする。私たちの生活の中で農業生産の点で大きく関わってきた家畜を第二章に取り上げ、それら以外を第三章に紹介していきたい。

●コラム　与那国島の獣殺傷禁止期間（カンブナガ）

与那国島の大きな祭祀に「カンブナガ」がある。カンブナガは「クブラマチリ」「ウラマチリ」「ンディマチリ」「ンマナガマチリ」および「ンダンマチリ」の五つの祭りから成り立っており、旧暦 10 月以降の庚申から 25 日間にわたって、島の繁栄が祈願される。

1、**クブラマチリ**……旧暦 10 月以降の庚申の日に海賊が襲来しないようにと外敵を防ぎ、島の平穏安泰を祈る祭り。

2、**ウラマチリ**……翌日の辛酉の日に牛馬の繁殖を祈願する。

3、**ンディマチリ**……3 日後の甲子の日に縁結び、家内円満、子孫繁栄を祈願する。

4、**ンマナガマチリ**……壬午の日に五穀豊穣を祈願する。

5、**ンダンマチリ**……ンマナガマチリの翌日の癸未の日に祭りの最後を締めくくる。

最後に、これまで行われてきた数々の祭りの祈りが無事成就するように神々にお供え物をし、感謝を捧げるのである。

その間は、深夜から祝宴が開かれ、歌い、踊り、小屋に籠もり一夜を明かす。朝になると神々との別れを祈願し、最後は鐘を打ち鳴らし 25 日間の祭りの終了を島全体に知らせ 、もろもろの禁制を解く。

この 25 日間、祭りの参加者は四つ足の獣を殺し食することが禁止されている。さらに神司や公民館長などといった祭りの主宰者は、旧暦の 8 月以降は獣肉を一切摂らず、火事、出産、葬式などの見舞いごとは努めて避けている。古い時代は、島全体が 25 日間は獣肉を食さなかったという。

第二章　人々と深く関わった在来家畜

本章では、私たちの生活の中で農業生産の点から大きく関わってきた在来家畜を紹介したい。

一、馬

1. 馬を知る

馬の進化の経過と伝播

　馬の先祖は、北米大陸で五八〇〇万年前に誕生したキツネ大のヒラコテリウムで、図二・一・一のように四、五千万年かけてメソヒップス→メリキップス→プリオヒップスまで進化した。その時点でベーリング海の陸橋を越え、ユーラシア大陸に渡ったとされている。

　その後、プリオヒップスは三つの型に分化した。第一は南フランスやスペインなどの洞窟に描かれている体高一八〇cm前後の大型の馬で、「森林型」である。第二は、南ヨーロッパ、ウクライナ、南アフリカに分布する体高一五〇cm前後の中型馬で、「高原型」のタリバン馬である。第三は中アジアに分布する体高一三〇cm前後の小型馬で、「草原型」のブルツェワルスキー馬である。

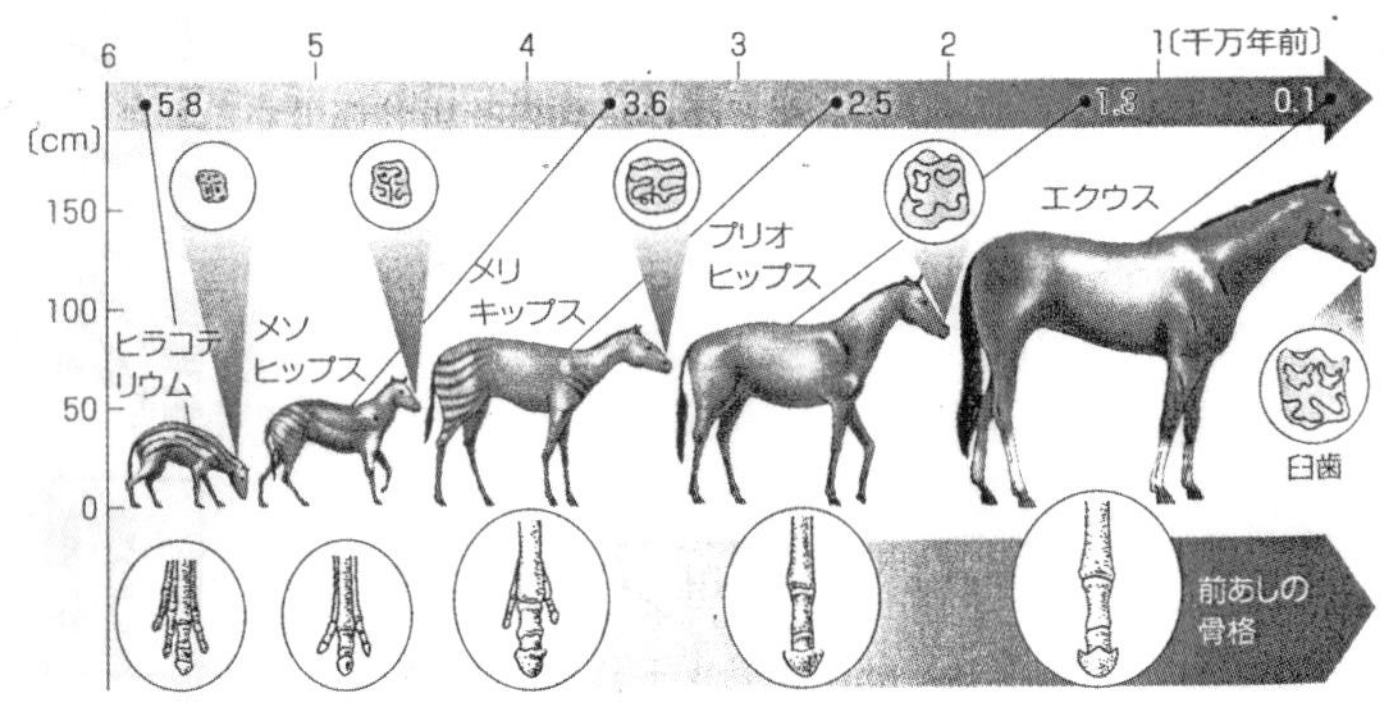

図 2･1･1. 馬の進化の足跡（田中高荘）

　蒙古馬はずんぐりした小型馬でブルツェワルスキー馬に似ていることから「草原型」から生まれたと考えられる。

　東洋馬のアラビア馬はタリバン馬に外貌が似ていることから「高原型」から派生したと考えられる。

　大型で体格が

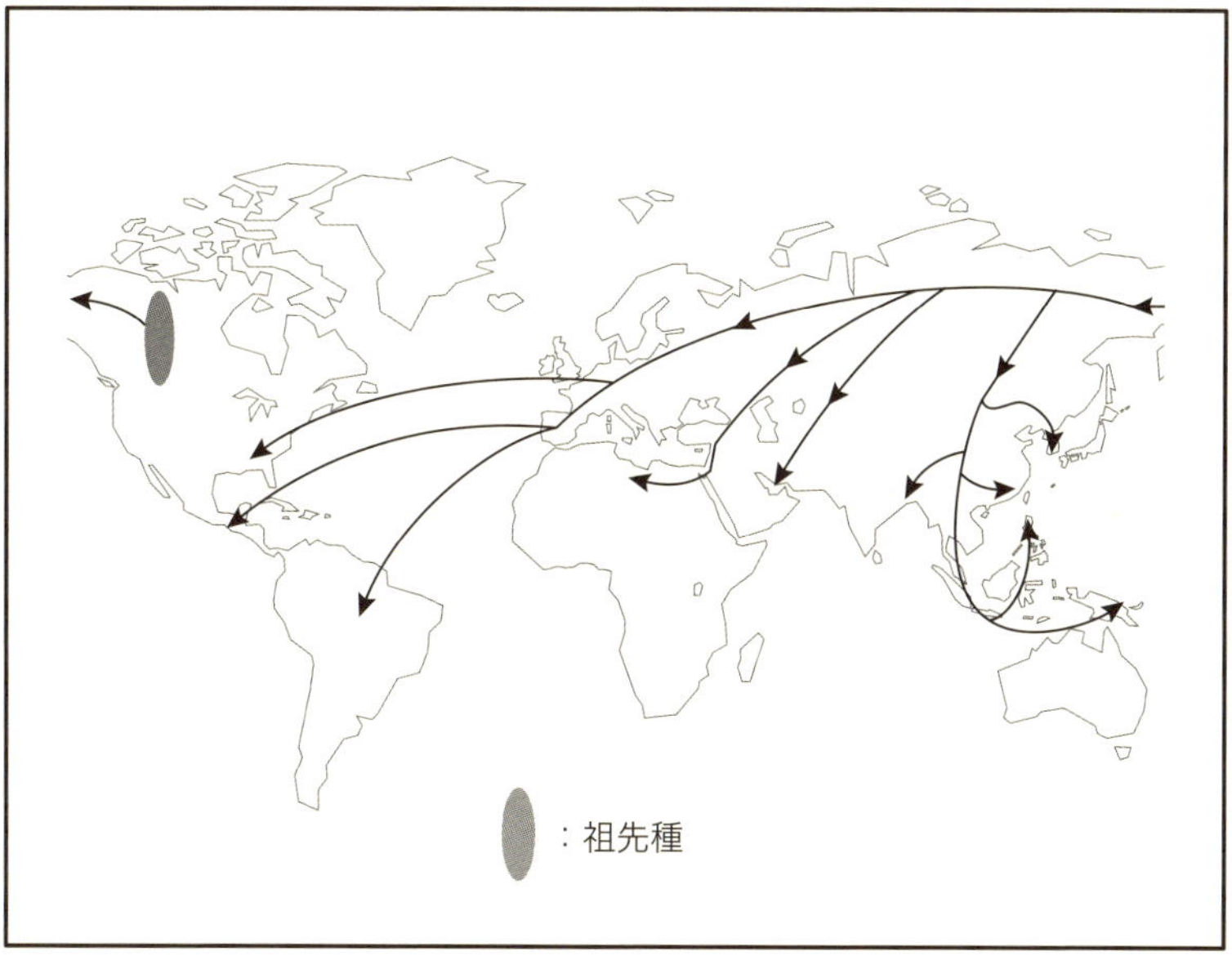

図 2･1･2．馬の家畜化の場所と伝播の想像図

がっちりした西洋馬のフランスやベルギーの在来馬は「森林型」から生じたと考えられる。これらの家畜馬は五〇〇〇年前頃に誕生したといわれている。馬は図二・一・二のように成立と移動の経緯をたどった。この経緯が流れ星に似ていることから、「流星型伝播」という。

アジア馬の祖先

アジア馬の祖先は蒙古馬といわれ中国・東南アジアに分布を広げた。我が国には朝鮮経由で北九州に入り、それから琉球に伝わったとされている。南方の国々には、琉球の小型馬と類似の体型を持つ馬がおり、南方貿易の過程でもたらされたものではないか、との説もある。

馬は、最初は肉用として飼われ、やがて田畑の耕作や荷物の運搬手段として使役し、さらに、馬に乗り移動することを覚え、戦闘用などに優れていることを見抜き、馬は人の歴史を大きく変えていく存在となった。

馬が牽《ひ》く二輪戦車は四〇〇〇年前頃に小アジアのヒッタイト人と呼ばれる騎馬民族によって発明された。この頃に木製のスポーク付きの車輪も発明された。馬車は牛車と同様に一～四頭で牽いていたが、馬車を牽かす「くびき」が牛ほどうまくいかず困難を極めた。その後の馬具の発明・改良により、馬の俊敏性と早さが馬車による交通手段を不動のものとした。

このように、乗用としては馬が牽く馬車が先行したが、馬そのものに乗るようになったのは三〇〇〇年前頃からである。戦場では騎馬戦が主力となり、戦争の歴史を大きく変えることになった。馬は過去最大の生物兵器であり、過去の戦いにおいては、馬は強力な兵器であった。馬の能力が優れ、それを操る兵士の能力、いわゆる騎馬軍団により戦争の勝敗が左右された。蒙古のジンギス・ハーンは蒙古馬とそれを乗りこなす馬術に秀でた騎馬軍団によりユーラシア大陸の多くの部分を支配していた。日本にも二度(一二七四年、一二八一年)にわたり襲来したが、いずれも台風に遭い敗退した(蒙古襲来)。

馬の毛色

馬の主な毛色は大きく六つに分けられる。

(1) 青毛：全身黒毛。
(2) 月毛：全身白毛。
(3) 栗毛：全身が褐毛または茶毛。
(4) 鹿毛：栗毛のように全身褐毛または茶毛だが、まえがみ、たてがみ、尾毛および四肢下部が黒毛。
(5) 粕毛：栗毛、鹿毛、青毛に白毛が混在している。
(6) 河原毛：全身灰褐毛または暗灰毛に尾毛やたてがみなどの長毛、四肢下部、背線が黒毛。

さらに細かく分けると栃栗毛、尾花栗毛、栗粕毛、鹿粕毛など多くの毛色に分かれる。

馬肉・馬油・尾毛

馬肉は桜肉とも呼ばれている。江戸時代には、仏教の影響で獣肉を食べることが禁じられていたため、馬肉は桜、鹿肉は紅葉、猪肉は牡丹と、隠語で呼ばれていた。

馬刺しの生産は、長野県と熊本県がよく知られている。馬肉には解熱効果があるとされ、捻挫やボクシングなどによる打撲の患部に馬肉を当て、湿布として使用することもある。また、馬肉でパックすると美肌効果が期待できるともいわれている。

馬油は動物性の油であるため、人間に優しく、肌荒れ、あかぎれ、やけど、日焼け、虫刺され、しもやけなどに効果があるといわれている。

尾毛は、太く、長く、丈夫であることからヴァイオリン、胡弓、ヴィオラ、二胡など擦弦楽器の弓毛に用いられる。

琉球への伝播

東アジアにおいては、図二・一・三のように小型馬、中型馬および両型の混在型の三つのタイプの在来馬が分布している。小型馬は体高が一二〇cm前後で、中型

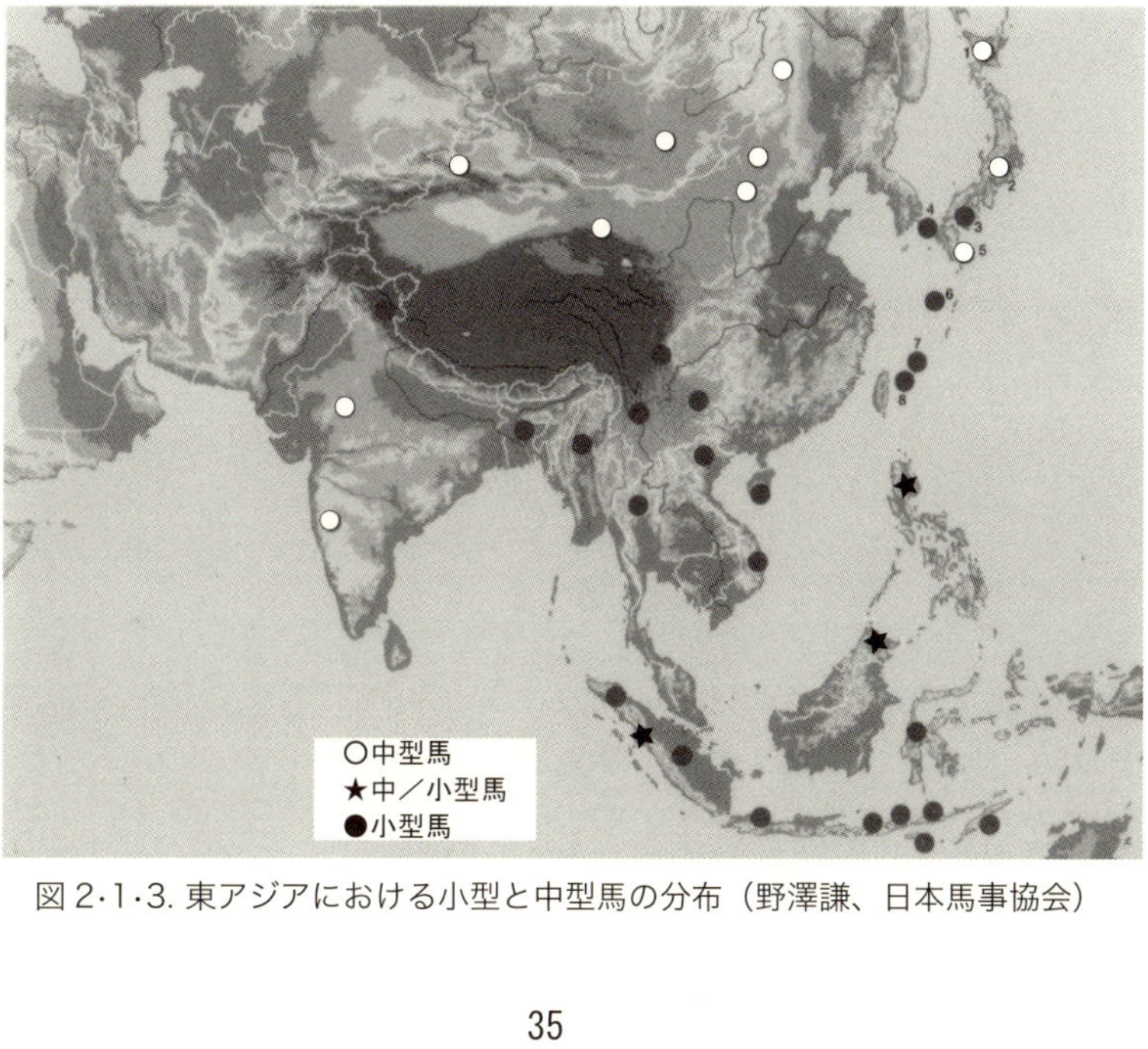

図 2·1·3. 東アジアにおける小型と中型馬の分布（野澤謙、日本馬事協会）

馬が一三〇cm前後、大型馬が約一四〇cm以上と分類できる。日本の在来馬は八種類で、小型馬は与那国馬、宮古馬、トカラ馬、野間馬および対州馬、中型馬は御崎馬、木曽馬および北海道和種馬に分類される。

小型馬が日本に入ってきたのは五世紀頃、朝鮮半島から北九州に入ってきたのが最初であった。第一波は小型馬で、第二波として中型馬が入ってきた。

琉球列島には、図二・一・三のようにフィリピン、インドネシア、中国雲南省などに小型馬が分布していることから、南の国々から導入されたと考えられていた。

しかし、太宰府の出先機関が喜界島にあったことが近年明らかになり、九州の影響を強く受けていたことから九州からの渡来説が有力となった。さらに血液蛋白酵素多型遺伝子の分析結果からも九州渡来説を支持する結果となった。

これらのことを考慮すると琉球列島には、馬は一一世紀頃九州から南下して来たと思われる。(二四ページ、図一・五・一参照)。

【馬の一生】

春先誕生→3歳の春に種付け→翌年春分娩→繁殖能力は約20歳まで→寿命は約30～40歳。馬は日が長くなる季節に発情する長日性動物で春から初夏にかけて繁殖期を迎える。しかし、在来馬には明確な繁殖季節がなく原則的には周年繁殖可能である。しかし多くの動物の分娩の時期は、飼料が豊かになる春季に集中する。妊娠期間は340日。発情周期は22～23日、発情持続時間は7日間である。離乳は5～6ヶ月である。

【馬の歩法（様）】

常歩、速歩、駆歩　襲歩があり、常歩は普通の歩き方。速歩は早く歩く、いわゆる競歩である。駆歩は襲歩の手前の走り、襲歩は全力で疾走する、一般競馬で見る走り方である。

馬とハブ毒

琉球において、馬の生産地は沖縄島でなく宮古島であった。その理由は、宮古島にハブが棲息していないからと考えられる。他の動物と比較し、馬はハブ毒(蛇毒)やギンネムに含まれるミモシンなどの蛋白毒に過敏に反応するため、少量の蛇毒でも死亡する。またギ

●コラム　遺伝のはなし―馬とロバとの関係：種間雑種―

馬を動物学的に分類すると、動物界、脊索《せきさく》動物門、哺乳綱、ウマ目、ウマ科、ウマ属、ウマ種となる。

ロバはロバ種となり種が異なるだけで近縁である。シマウマも種が異なる。このようにロバとシマウマも馬の仲間である。

野生の状態では異種間で交配することはなく、人為的に交配した場合に種間雑種が出来る。

種間雑種の多くは不妊であるが、繁殖能力を有する場合もある。

牝馬に牡ロバを交配するとラバが生まれ、強健で厳しい労役に耐えることから、山岳地帯では一般にラバが使役されている。

牝ロバに牡馬を交配するとケッテイが生まれるが、気性が荒いことからあまり好まれない。馬にシマウマを交配するとゼブロイドが生まれる。

遺伝（生命）の根幹を担う染色体数が、馬は 64 本（2n=64）、ロバは 62 本およびシマウマは種類が多く 44 ー 62 本である。

種間雑種のラバとケッテイが、それぞれ染色体数が 63 本と奇数であるため不妊になる。例外はあるが、染色体数は多くの動物で偶数である。

ゼブロイドはこれまでに生まれた数が少なく、交配したシマウマの種類により染色体数は異なり、多くは不妊になる。

その他の種間雑種は、ライオン雌×トラ雄＝ダイコン、トラ雌×ライオン雄＝ライガー、ライオン雌×ヒョウ雄＝レオポン、これらライオンは、ネコ目、ネコ科、ヒョウ属、ライオン種である。トラはトラ種で、ヒョウはヒョウ種である。このように哺乳動物では種間雑種までは可能である。

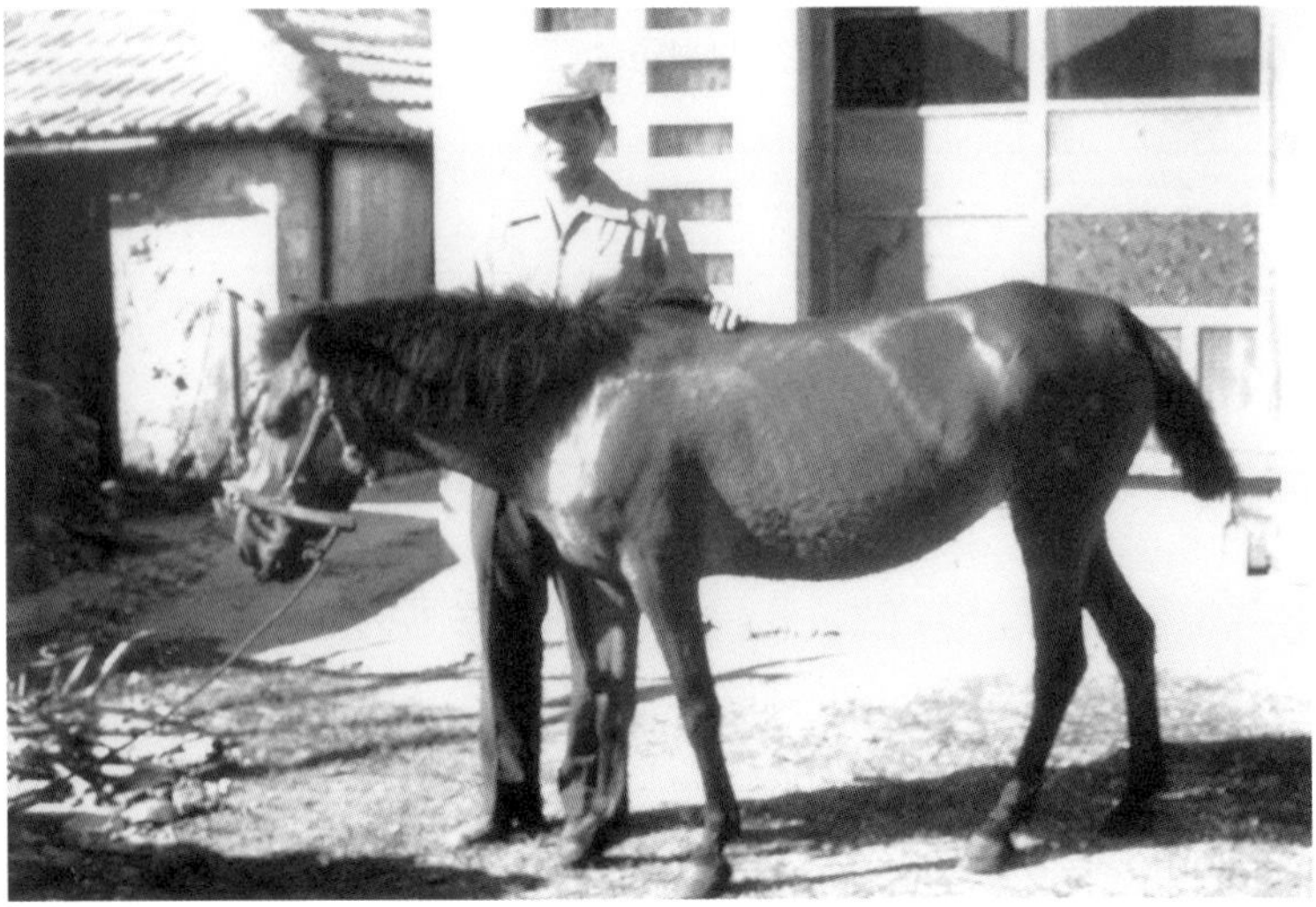
写真 2·1·1. 毛の抜け落ちた宮古馬

ンネムを馬が食べると、たてがみや尾毛などの長毛などが抜け落ちる。

そのため、ハブが生息しない宮古島に生産の拠点があったと考えられる。宮古島の馬産は、琉球王朝時代から農用馬としての価値が衰退する昭和四〇（一九六五）年頃まで、実に六〇〇年以上続いたことになる。

宮古馬は、王朝時代は献上品と武士の乗用に活用した。役馬としては悪癖が無く、全力を振り絞って、踏ん張りながら飼い主に使えたことから「ミャークグヮー」または「ミャーク ンマ グヮー」と呼ばれ愛された。

人がハブに咬まれたときには、治療に馬の抗血清が注射される。この抗血清を作るには、蛇毒に過敏に反応する馬に、弱いハブ毒を注射する。すると馬はハブ毒を排除するのに必要な抗体を産生する。このようにあらかじめ馬に作らせた抗体から、人用に注射液を製造したものが抗血清である。人がハブに咬まれると馬の抗血清が注射され、ハブ毒が排除される仕組みになっている。

ここで人にとってはやっかいなことがある。馬の抗血清は人にとっては、これまた異物である。人の体は馬血清を異物と認識し、それを排除するため、血液中に抗体を産生する。すでに馬血清に対して抗体ができているにもかかわらず、さらに馬血清の抗原が入ってくると「抗原抗体」という免疫反応が起こり、人体が対応できなくなって、アナフィラキシーショックを起こす恐れがある。そのため二度目のハブ咬傷に対しては、馬血清の使用は慎重を期している。医者は、ハブの咬傷患者に「ハブ咬傷は初めてか」などと問診するのはそのためである。また、「破傷風の予防注射は受けたことはないか」と聞くのも、破傷風の予防注射に使われる抗原が馬血清だからである。

アナフィラキシーショック死を防ぐため、馬抗血清とは異なる山羊抗血清、豚抗血清、兎抗血清の製造も研究されているが、馬抗血清のように有効でない。馬と近縁のロバでは出来ないものだろうか。

2. 琉球における馬の使役の変遷

馬は支配者階級の家畜であるため、農民が乗ることは許されず、ひたすら武士のために生産し供給されるのみであった。

沖縄での畜力の主体は牛であり、農民が初めて馬に乗ったのは明治二六（一八九三）年のことである。人頭税で苦しめられた宮古の農民が国会に人頭税廃止を陳情し、それが認められた時、歓喜のあまり虐げられた農民（平民）達が自分の馬を持ち出し乗ったのが始まりだという。

馬は士族の乗り物であるとともに、中国への献上品の一つとして、硫黄とともに大切な輸出品となった。

琉球王府は、より優れた馬を選抜するため速歩競馬を奨励し、各地に馬場を作り競わせた。競馬は最大の娯楽でもあった。騎手は着物で正装し、水を入れた杯

写真 2･1･2. 今帰仁馬場跡

を片手に持ち、杯の水がこぼれないような走り方をするのが琉球競馬の特徴とされていた。馬場跡は県内各地に残されているが、今帰仁馬場跡は現在でも当時の面影をよく残している。

本格的な製糖業は明治に始まったが、砂糖樽の運搬は一人で担いで運ぶところから始まり、次いで砂糖樽をひもで縛って棒を通し、二人で担いで運ぶようになった。その後、荷車（手押し車）が登場し、さらに馬の背中に乗せて運び、さらに牛車へ、その後に馬車へと発展していった。このように、馬は駄載用として背中に薪、草、堆肥、砂糖樽を乗せて運搬する役目を担っていた。さらにサトウキビ圧搾機の鉄車を牛から馬に牽かせるようになったのは大正二〜三（一九一三〜一九一四）年頃からであった。

運搬手段の発達は道路の整備と密接に関係しながら発展していく。人が歩ける道路から荷車が押せる道路、馬車が通れる道路へと拡張され、泥んこ道からコーラルを敷き詰めた道路へ、現在では自動車が主流となり、

写真 2·1·3. 馬車を牽く

写真 2·1·4. 鞘頭部（サトウキビの茎）を駄載

写真 2·1·5. サトウキビを搾る鉄車を牽く

アスファルトを敷き詰めた現在の道路へと発達してきている。

なお、宮古島に馬車が通れるような市町村を結ぶ幹線道路が整備されたのが大正三〜四（一九一四〜一九一五）年のことである。これにより、馬車は大正一〇（一九二一）年に九州より導入され、これまでの人力による荷車から馬車へと変わった。

また、農耕のための道具に関しても、それまで使われていた在来の鋤に鉄製の鋤（新厳号、写真二・一・六）が加わったのが、大正一一（一九二二）年である。その頃は、畜力の主体は牛で、荷物の運搬に用いられるのは主に牛車であった。昭和六（一九三一）年、宮古島では牛の伝染病であるダニが媒介するピロプラズマ症が蔓延し、牛の三割が死亡する事態となった。この病気の蔓延をきっかけとして、畜力は全面的に馬に置き換わった。

役畜としては、一般に畑地には馬、水田では牛が適しているといわれる。宮古島は水田が少なく、畑作が

写真 2･1･6. 鉄製の鋤による馬耕

写真 2･1･7. 馬による水田のしろかき

写真 2·1·8. 在来の鋤（マーヤマ）

写真 2·1·9. 畜舎内の原風景

主体だったことや、馬は牛よりスピーディーに仕事をこなし、作業効率が優れていたことなどから、馬が普及した。宮古島と地形が似ている伊江島も馬が盛んに利用された。また喜界島は軍馬や農用馬の生産地として有名であった。

水田が多かった八重山群島、沖縄島、伊平屋島、伊是名島などは牛と馬が水田農耕に使役された。

写真二・一・九は、同一畜舎に馬、牛、山羊が飼われている様子である。馬は役用として利用し、牛には子を産ませ販売し現金収入を得る。山羊は行事の際の肉用として、さらに糞、尿、敷料からは有機質肥料を生産し、田畑に還元する有畜農業の原風景である。このように一つの畜舎に複数種の家畜が飼われている様子は、一九七〇年代までは各農家で見られた。

現在では豚、鶏、牛はそれぞれ単独で飼育され専業化している。しかし肉用牛は耕種兼業農家が多く、サトウキビ作との副業経営である。馬と山羊は、巻末付録の表四・一〇に示すように著しく減少した。

3. 宮古馬の改良

軍馬の能力向上を目指し、日本陸軍は馬匹去勢法を大正六（一九一七）年に沖縄島と宮古島に施行した。その内容は、軍が指定した種牡馬以外の牡馬はすべて去勢し、種付けに使用しないようにとの法律であった。

去勢は、人が最初に考案した強力な家畜の改良（育種）法である。去勢の目的は、能力の低い牡は子孫を残さないようにし、特に優れた能力を持つ牡のみを種牡として育て、経済性の優れた子孫を多く残すことにある。

宮古島では牡馬は去勢しないで使役するのが一般的で、去勢すると馬力が衰えることから、去勢を極度に忌み嫌っていた。去勢に伴う事故も発生していた。そのため、馬の去勢を避けるため、検査官が来ると、馬匹去勢法が適用されていない伊良部島、来間島、多良間島に馬を疎開させ、さらには、山にも隠した。

去勢は島民に受け入れられず、去勢法撤廃を県知事に陳情するなど政治問題にもなった。反対運動の結果、大正一一（一九二二）年には宮古島は除外されることになった。

第二次世界大戦後は砂糖の価格が高騰し、「サトウキビブーム」が起こった。そのためサトウキビ栽培に適した大型の馬力のある馬が求められた。力のある大型の馬へ改良するため、内地から多くの種牡馬が導入され、本格的な改良が行われていった。

そのような状況の中で高齢者や零細農家は依然として在来馬にこだわり続けた。その理由は、宮古馬の特徴である「温和で従順、小型、強健、粗食に耐え、蹄が丈夫で蹄鉄なし、体は小さいが馬力があり、もくもくと働く」という特長を有していたからである。

このように宮古馬にこだわり、愛し続けた一部の頑固な農家がいたから宮古馬を絶やさずに維持することが出来たといえよう。

4．与那国馬

与那国島に飛行機で降り立つと、最初に目に飛び込んで来るのが、空港近くの北牧場で放牧されている与那国馬である。北牧場は、与那国馬の繁殖を主とする基幹牧場である。また東牧場では、風光明媚な東崎《あがりざき》灯台の下で与那国馬がのんびり草をはむ姿がみられ、絶

写真 2･1･10. 牧場における与那国馬

写真 2･1･11. 与那国馬に荷物と飼料を満載（古謝瑞幸）

景である。さらに民間においても与那国馬は舎飼いで維持されている。現存する与那国馬の集団は一〇〇頭前後で、比較的安定した維持頭数である。

与那国馬の特徴は、「宮古馬より一回り小さく、従順、強健、粗食に耐え、蹄が丈夫で蹄鉄なし、体型が小型の割に馬力があり、働き者」である。毛色は鹿毛と栗毛が多い。宮古馬と与那国馬は、外見上は類似しているが、宮古馬ががっちりしているのに比較し、与那国馬はやや細めである。体高は一二〇cm以下であるが宮古馬は一二〇～一二五cmである。またミトコンドリアDNAや血液中の蛋白酵素遺伝子も類似している。

用途は、背中に荷物を載せて運ぶ駄載用、鋤を引かせ田畑を耕す農耕用、交通手段としての乗用と馬車、サトウキビを圧搾するための鉄車を牽かせるなど、多方面に活躍した。

与那国島には水田が多いため、水田耕作には主として牛や水牛を使役していたが、集落から田・畑・山までの距離が遠かったため、馬を乗用および薪や飼料用の草を運搬する駄載用として利用していた。しかし、農業の機械化に伴い、役畜としての役目は低下している。

石垣島においてはマラリアを恐れ、集落は水はけのよいサンゴ石灰岩の地帯に集中し、食料生産の場である田と畑は遠くにあるため、馬は乗用および耕作用として大変貴重であった。また燃料の薪を山から切り出し、運搬し、さらには牧場における牛の追い込み、捕獲にも馬は大活躍した。

5. 馬を活用し楽しもう

馬はかつて軍馬として活躍し、人の歴史を変えてきた。また、農用とし農業生産性を飛躍的に増大させ、私達の食生活を豊かにしてきた。しかしトラクター、耕耘機、自動車の普及により役畜としての役目は大きく後退した。

だが現在でも、馬は、私達に乗る楽しみを与えてくれる家畜である。馬の毛並みに触れた時の感触、乗馬した時の心のときめき、高い目線からの眺めは格別である。手綱の合図により、人の思いどおりに馬が行動する驚き。人と馬、生き物同士の肉体的、精神的つながりは他の家畜では味わえない深い絆を感じる。さらに乗馬には、精神的に疲れた人の心の回復、交通事故者のリハビリ、身障者の機能回復などの効果があり、馬を医療に活用する道が拓けつつあり、現在その研究が進められている。

以下に、乗馬体験ができる施設を紹介する。

写真 2･1･12. ゆうゆう広場における乗馬体験

写真 2･1･13. ヨナグニウマふれあい広場で、樋川小学校の子供たちへ乗馬を指導する

○ゆうゆう広場（**与那国島、与那国馬保存会**）

与那国島の「ゆうゆう広場」では乗馬体験を行っている。「山を行く」「海を行く」「草原を行く」など一三コースが用意されている。

○ヨナグニウマふれあい広場（**与那国島、久野雅照代表**）

内地からの観光客を積極的に誘致し、乗馬体験を行っている。さらに樋川小学校でクラブ活動の中で乗馬体験を指導している。また馬と一緒に泳ぐ取り組みもしている。さらに同牧場は沖縄島の南城市にも牧場を開設し、乗馬体験の普及に本腰を入れつつある。

○荷川取牧場（**宮古島、荷川取明弘代表**）

乗馬体験を観光客向けに提供している。また西平安名崎の放牧地にも宮古馬が保存されている。

【沖縄島内】

○おきなわ乗馬倶楽部（**読谷村**）

○美原乗馬クラブ（うるま市）
○みちくさ牧場（東村）
○うみかぜホースファーム（南城市）

各牧場とも馬との触れ合い、引き馬、乗馬体験などを基本に、数々のプログラムが準備されている。

また沖縄島南部で身近に馬が見学できるのが西原町津花波のエリスリーナ西原ヒルズガーデンから見下ろす盆地の畑の一角にある。

趣味で常時一〇～一五頭が飼われており、飼い主は砂川隆氏である。

写真 2·1·14. 荷川取牧場の馬

6. 馬の行事

石垣島では八重山馬事振興組合（識名朝三郎代表）は五月五日を「馬の日」とし、乗馬体験、触れ合い体験を催し、馬の普及振興に努めた。

旧一一月に種籾を播種した後、よく芽が出て育つようにと願いを込めた行事が種子取祭りである。籾が貝のように割れ発芽するように五穀豊穣を祈願し、名蔵の浜まで馬に乗り、浜で貝を拾い持ち帰り大阿母御嶽に奉納していた。

その際、名蔵川の潟原《カタバル》で役人が集まる前で百姓の乙女達により競馬が催された。その時の馬がカタバル馬と呼ばれている。

宮古島では旧暦三月三日（サニツ）に与那覇湾で競馬、角力大会などが催されるイベントがある。平成三

写真 2·1·15. 那覇市辻のジュリ馬祭り

写真 2·1·16.「サニツが浜」における乗馬体験（宮古新報社）

写真 2·1·17.「サニツが浜」における競馬大会（宮古新報社）

年からは名称を「サニツ浜カーニバル」と改め、大勢の客でにぎわうイベントとして知られている。開催日は六月〜七月の日曜日の一二時頃干潮に当たる日としている（毎年一定していない）。祭りの出し物として、「サニツが浜」における乗馬体験と競馬が人気である。

他に、馬と関わりのある行事としては「ジュリ馬祭り」があげられるだろう。沖縄島の那覇市辻の遊郭街一帯を、馬の頭と首を形取った木板を前に抱えながら練り歩く。旧暦一月二〇日、いわゆる二十日正月の日に行われている。

7. 在来馬とロイヤルファミリー

現在の平成天皇陛下が皇太子の頃である。沖縄県庁は宮内庁から「宮古馬を乗用に飼養したい」との購入の要請を受けた。県は昭和一〇（一九三五）年、月毛の「右流間号」、青毛の「張水号」および黒粕毛の「珠盛号」の三頭を宮内庁に送り出した。写真では「右流

右流間号

張水号

珠盛号

写真 2･1･18. 宮内庁に送り出された宮古馬たち

写真 2･1･19. 右流間号に騎乗される皇太子（平成天皇）

間号」は河原毛となっているが月毛である。また、在来馬には月毛や白徴がないことから、右流間号は在来馬と移入馬との雑種馬で、他の二頭は在来馬の特徴を有しているため純粋な在来馬である。

購入に際し考慮したのが、天皇陛下と同じ生まれ年の昭和八（一九三三）年に生まれた馬をそろえることであった。しかし、性質、毛並み、体型など種々の角度から慎重に選定した結果、三頭すべてをそろえることが出来ず、張水号だけは昭和七年生まれとなった。

時代は平成に変わり、与那国馬を活用するために「茨城県大洋村・沖縄県与那国町フォーラム」が平成一〇（一九九八）年七月一六日、与那国町中央公民館で開催された。テーマは「子どもたちの心を癒すゆとりある教育交流と地域活性化」である。フォーラムで学習院大学の川島辰彦教授は「自然環境とヒトとの触れ合い　―ウマと子供達―」のテーマで講演した。その後引き続き、総合討論会が行われた。筆者は基調講演として「与那国島のメンタルアイランド化を目指して」

写真 2･1･20. 川島辰彦教授の講演

写真 2･1･21. 講演後の総合討論

写真 2･1･22. 秋篠宮殿下と宮古馬保存会メンバー

を講じた。

フォーラムを企画した与那国町商工会の米城智次氏は、日本最小の馬「与那国馬」、世界最大の蛾「ヨナグニサン」、与那国島で栽培が最適の「長命草」の三点セットで島の活性化を計画し、実践した。与那国馬の保存は安定しており、ヨナグニサン資料館は「アヤミハビル館」として平成一四（二〇〇二）年八月に開館した。長命草は飲用に、資生堂との提携により大きく発展しつつある。

平成二一（二〇〇九）年三月一五日には、秋篠宮殿下が宮古島を訪問され、宮古馬を視察された。

二、豚

1. 豚を知る

起源と伝播

豚は、猪を家畜化したものである。猪は世界的に分布が広く、狩猟しやすく、肉量も多く、獲物としては森からの最高の贈り物といえる。また猪は雑食性で飼いやすく、人に慣れやすいことから、熱帯から温帯にまたがるユーラシア大陸の多くの地域で家畜化された。また、産子数が多く、遺伝変異に富むことから体型も変化しやすい。現在でも豚と猪とは遺伝的交流が容易であることから、家畜化の起源については今後の研究に待つところも多い。

現在分布する豚は、中・小型で背が凹に彎曲したアジアイノシシを起源に持つ「アジア豚」と、ヨーロッ

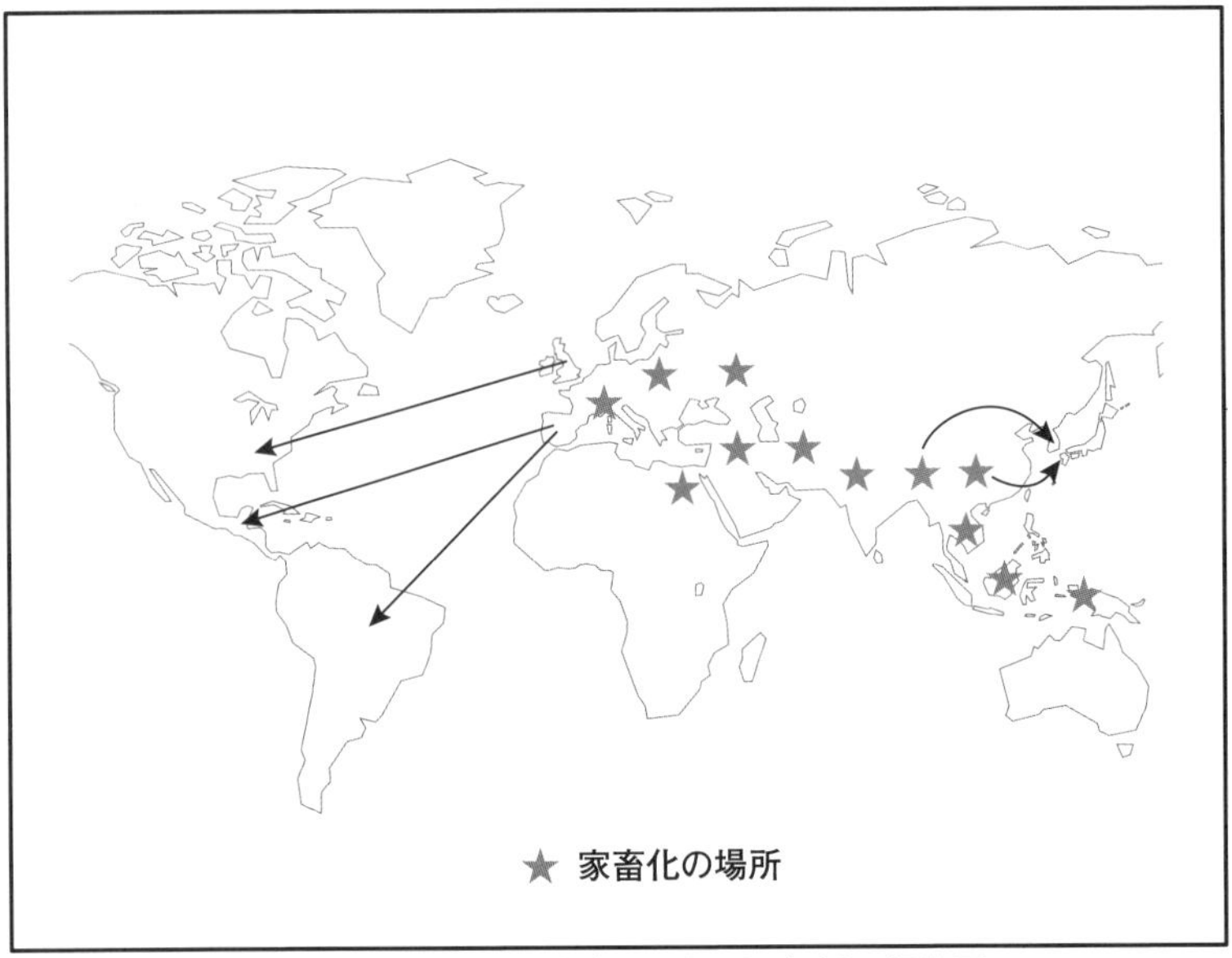

図 2-2-1. 豚の家畜化の場所と伝播の想像図

パイノシシを起源とする大型の「ヨーロッパ豚」に分けられる。

アジア豚は六〇〇〇～八〇〇〇年前、中国から西アジアにかけての多くの地域で家畜化され、水の輪が広がるように伝播していった。日本には朝鮮経由で入り、琉球には中国から入り、九州にも渡った。

中央ヨーロッパでもヨーロッパイノシシが家畜化され、アジアと同様に四方八方に円状に広がった。家畜化されたヨーロッパ豚は、東アジアをはじめ新大陸の発見に伴いアメリカ大陸にも伝播した。アフリカ・ヨーロッパなどごく限られた地域には、普段見ることの出来ない肉髯《にくぜん》（頬または胸前の付け根に肉鈴が付いている）を持つ個体もいる。

ヨーロッパにおいては、早くから改良に取り組み、産肉能力の高い品種が確立され、世界中に広がった。それらの品種の中で特にポピュラーなものは、ランドレース種、大ヨークシャー種、デュロック種、ハンプシャー種、バークシャー種などで、これらは世界を席巻している。

日本でも猪は各地で飼育されたが、家畜化にはいたっていない。日本における養猪は、琉球から伝えられたとの説があるが、それぞれの地域で自然発生的に始まったと考えられる。

沖縄では、遅くとも弥生時代、貝塚時代後期の伊江島の阿良貝塚、久米島の北原貝塚から出土したイノシシ骨のミトコンドリアのハプロタイプが、中国を含む東南アジア系の家畜豚と近縁関係にあることを明らかにしている（松井ら二〇〇一）。これが事実だとすると先史時代から家畜を伴った農耕が営まれたことになる。しかし、猪は飼いやすいことから飼育された比較的大型の猪が、豚と間違えられ出土している可能性が高い。

猪は肉量が多いことから先史時代に豚をあえて導入する必要はなかった。前出の『朝鮮王朝実録』にも、先島諸島に豚がいないことが記述されており、豚が猪より優れていることを人々が知るまで、豚の導入は行われなかった。そのため豚は比較的新しい家畜である。

なお考古学調査においては、野生集団は遺伝的変異に富んでいるが、遺物として保存の良い、ごく限られた一握りの小集団が残っている可能性が高い。遺伝的浮動に伴う偏った遺伝子を持つ小集団（遺物）が、遺伝的にも他の野生集団とは異なっていて当然である。

リュウキュウイノシシは豚から再野生化したとの説もあるが、この見解は誤りである。猪は豚との交雑が容易であることから、豚の遺伝子が一部の猪集団に流入していることもあるが、リュウキュウイノシシは元来純粋の野生種である。

豚は、沖縄には中国福建省あたりから、一五世紀後半に輸入されたと思われる。輸入された在来豚は唐豚と称し、黒色で、下腹部は白く、顔は長く、耳は大きく、背線は凹み、下腹部は地面すれすれに垂れ、体重は約七五kgといわれている。子育て能力はきわめて優れ、子を踏みつぶしたり、圧死させることはない。

中国から輸入された豚は琉球の気候風土に適応し、泡盛粕をエサにしていたことから、酒造所の多い首里の鳥堀、崎山、赤田で大いに繁盛した。島内では「島豚」または「唐豚」と呼ばれ、内地では「琉球豚」と称されていた。

沖縄県は日本有数の養豚先進県であったが、島豚の

【豚の一生と特徴】

豚は繁殖季節を持たず、周年繁殖可能である。誕生後→８ヶ月齢以上・120kg 以上で種付け→（妊娠期間 114 日）→分娩頭数 10 頭前後→２ヶ月齢で離乳→母豚は離乳後 20 日前後で発情→年２・２回分娩→繁殖供用年齢は７歳。一般に肉豚は 200 日齢まで肥育し 110kg で出荷する。

子豚は少なくとも一週間は授乳し、初乳を飲ませる。人を含め哺乳類の初乳には子供を丈夫に育てるための免疫物質、ミネラル、ビタミンなどが豊富に含まれているため初乳は必ず与える必要がある。

豚は、授乳中は発情しない性質を持っているため、発情を促し多くの子豚を得るためには離乳を早めることが重要である。そのための人工乳が開発され、離乳を早め繁殖効率を高めている。

授乳期間は養豚農家の技術水準や経営方針により長短がある。子豚は１ヶ月齢以内で離乳し、２ヶ月齢で 20kg にするのが理想である。母豚は６～７対乳頭を持っている。子豚は最初に吸った乳頭を覚えていて離乳まで吸い続ける。

体型が小さく、成長が遅いことから明治末期にバークシャー種と中ヨークシャー種を内地から導入し交雑が行われた。その中で中ヨークシャー種からの白色は好まれずに姿を消し、バークシャー種の黒毛が残った。

豚肉の名称

豚肉は大きく分けて「肩ロース」、「ロース」、「ヒレ」、「もも」、「うで」および「ばら」の六部位に分けられる。三枚肉は「ばら」の部分である。ヒレは、内ロースともいわれ骨盤の内側にあって大腿骨と脊椎骨を結ぶ一対の棒状の筋肉である。

図2·2·2. 屠体の部位の名称

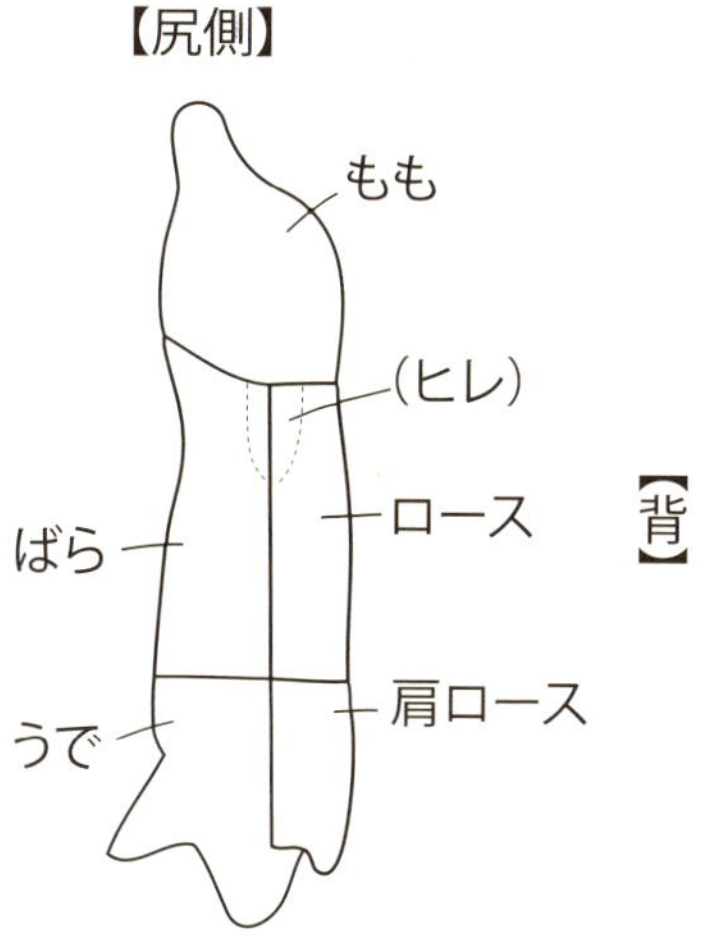

※点線部位は外側から見えない部位

豚は人間のように雑食で臓器や筋肉も人に近いといわれ、臓器移植の実験動物に用いられる。肉は美味しく栄養豊富であり、豚足のアシテビチはコラーゲンが豊富で健康食である。中身汁はビタミンやミネラルを多く含んでいる。これらの料理にはコンブ、ダイコン、ニンジン、シイタケなどを加え煮込むので栄養バランスがとれた健康長寿食といえよう。

2. 改良の経過

第二次世界大戦後の沖縄には、戦災復興の目的として各地から豚が送られた。一九四六年にバークシャー種とハンプシャー種（米国産）、一九四八年にハワイ在沖縄県人会からチェスターホワイト種、バークシャー種、ハンプシャー種、ポーランドチャイナ種、スポテットポーランドチャイナ種、デュロックジャージ種が届けられた。

その後、一九六三年になると、大ヨークシャー種（米国産）、一九六五年にはランドレース種（米国産）、復帰後の一九七四年にはデュロック種（米国産）が輸入され、改良が持続的に行われた。近年では梅山豚（中国産、一九八七）も輸入された。

アグーの復活

このように行政により強力に改良が進められたにもかかわらず、それから逃れた在来豚が細々と生き延びていたため、近来話題になっている琉球在来豚、アグーの集団を再構築することができたのである。アグーは脂肪分の多い豚であるにもかかわらず、うま味成分の一つであるグルタミン酸含量が多く、一般豚の脂肪とは異なり、脂肪そのものが美味しく食べられることから、経済的価値が見直され高く評価されている。

ゴールドシュミット氏が撮影した、大正期の在来豚の写真もあるが、ここでは日本在来家畜調査団により撮影された一九六四年の写真（写真二・二・一）を示す。

次に、アグーの集団はどのようにして形成されたのか。その経緯を述べる。

一九八四年、北部農林高等学校（北農）の太田朝憲

表 2・2・1. アグー F1 と一般豚のバラ肉の遊離アミノ酸含量

アミノ酸	アグー F1	一般豚
アスパラギン酸	2.851	1.077
スレオニン	5.573	1.135
セリン	1.632	0.900
グルタミン酸	10.707	4.245
プロリン	1.829	1.448
グリシン	3.783	2.857
アラニン	5.421	2.742
バリン	7.102	1.557
メチオニン	6.074	2.031
イソロイシン	5.173	0.968
ロイシン	10.084	1.655
チロシン	3.882	1.735
フェニルアラニン	4.795	1.150
ヒスチジン	92.634	126.435
リジン	0.835	2.974
アルギニン	0.152	0.274
合計	162.527	153.183
コレステロール	10.2	44.9

資料：JA おきなわ畜産課。単位：新鮮物 100g 中の mg。

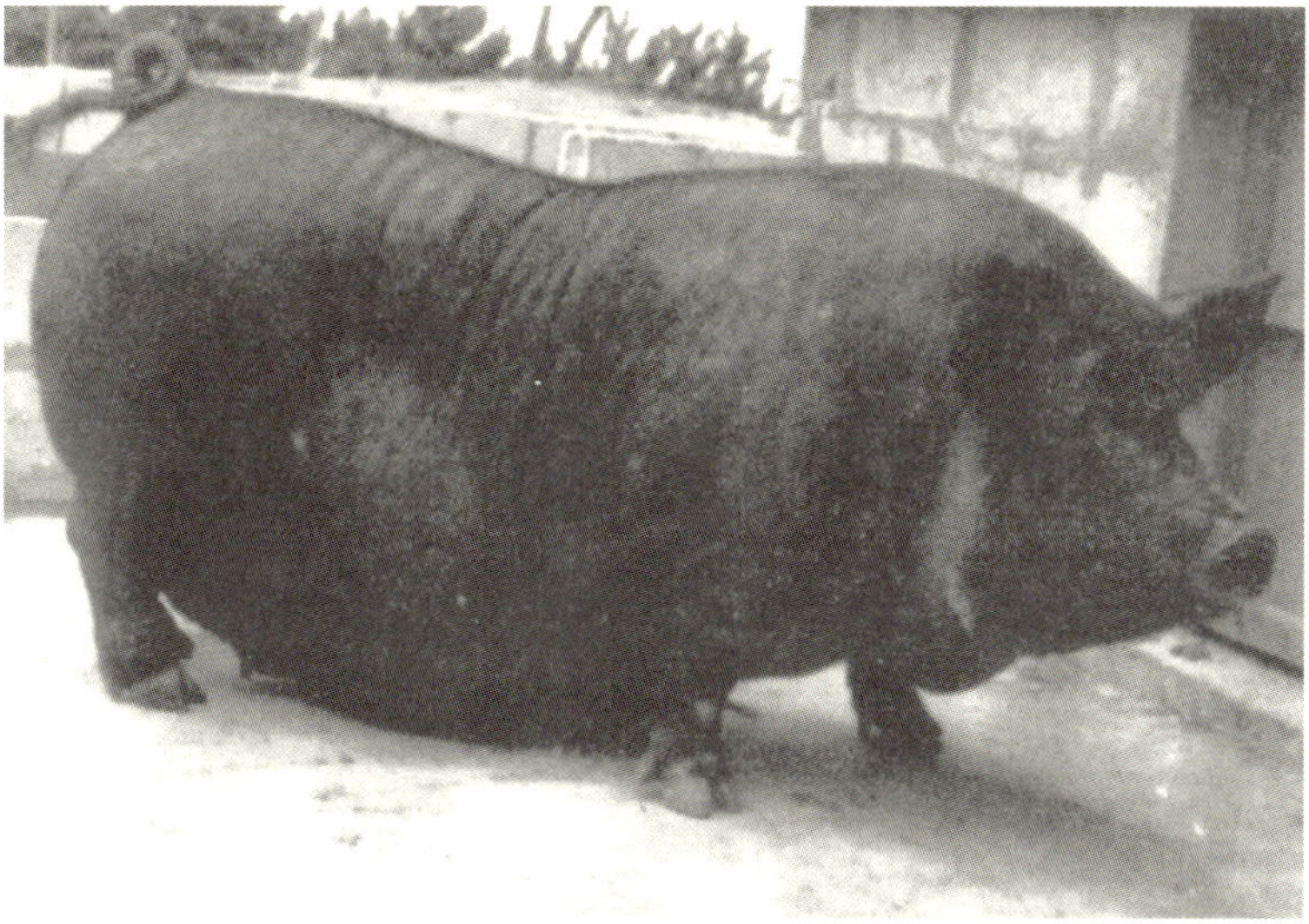

写真 2·2·1. 琉球在来豚（田中一栄、1964 年）

教諭が、名護博物館の島袋正敏氏から雌三頭、雄二頭を、さらに一九八七年、恩納村の農家から雌三頭、雄一頭を導入し、保存を目的に基礎集団を形成した。つまり始祖集団は雌六頭、雄三頭の計九頭である。

この基礎集団を繁殖し、増殖する過程で、白斑を有す個体は淘汰し、黒色の個体を残す方向で選抜交配を重ねた。その結果、黒色の特徴は賦与できた。しかし、体型については選抜しなかったため、在来種の特徴である背線が凹む個体は残らず、西洋タイプのような直線の背線となった。これが北農系のアグーである。

このように体型が本来の在来豚とは著しく異なるために、このアグーは天然記念物に指定できなかった。

他方、二〇〇一年、首に白帯を有し、下腹部が白く、背線が凹み、全てきょうだいと思われる雌二頭、雄一頭が南部の農家から北部の今帰仁村の農家に導入された。その後、世代が重ねられ増殖したのがアヨー系である。なお、琉球在来豚と同じ流れにある奄美在来豚は体型的には北農系に似ている。

北農系は、近親交配が進み産子は五頭以下と少なく、奇形や虚弱個体が出現するなど典型的な近交退化現象が発現している。

五頭以下の産子数では経営的に厳しいため、産子数の多い新たな集団の形成が望まれている。そのため効率的な繁殖技術の確立に向けて、沖縄県畜産研究センターと琉球大学農学部で研究が行われている。他方、北農系とアヨー系を交配した今帰仁系アグーの作出が試みられている。

肉質のうま味という点では北農系とアヨー系は差がないことから、両系統を交雑し、さらに洋種を加えて遺伝変異に富んだ雑種集団から肉質に優れ、産子数が多く、子育て能力が高い系統を新たに造成することが望まれる。

3．アグー肉に対する高い評価

在来家畜の中でアグーのように高い経済的評価を受けている家畜はほかにない。JA沖縄が最初に商品化に取り組み、見事に成功した例である。これまでに商標登録された銘柄豚を示すと下記のようになる。

●**あぐー**……JA系列の沖縄北斗・東農場（池間龍代表）と沖縄県食肉センター農場では強力遺伝するアグーのうま味成分を残しながら量産を目指し、ランドレース種雌（L）にアグー雄（A）を交配した二元雑種豚（LA）のあぐーである。

●**やんばる島豚あぐー**……我那覇畜産（我那覇明代表）によって交配が行われた。デュロック種（D）×バークシャー種（B）×アグーの三元雑種（DBA）またはバークシャー種×アグーの二元雑種（BA）。

●**チャーグー**……北部農林高校によるデュロック種（D）×アグーの二元交配雑種で、アグー五〇％である。宮城ファームと共同で生産販売している。

●**琉球まーさん豚あぐー**……島袋養豚場（島袋弘三代表）によるランドレース種（L）×ヨークシャー種（W）

写真 2･2･2. 北農系アグー

写真 2･2･3. アヨー系アグー

写真 2･2･4. 奄美在来豚

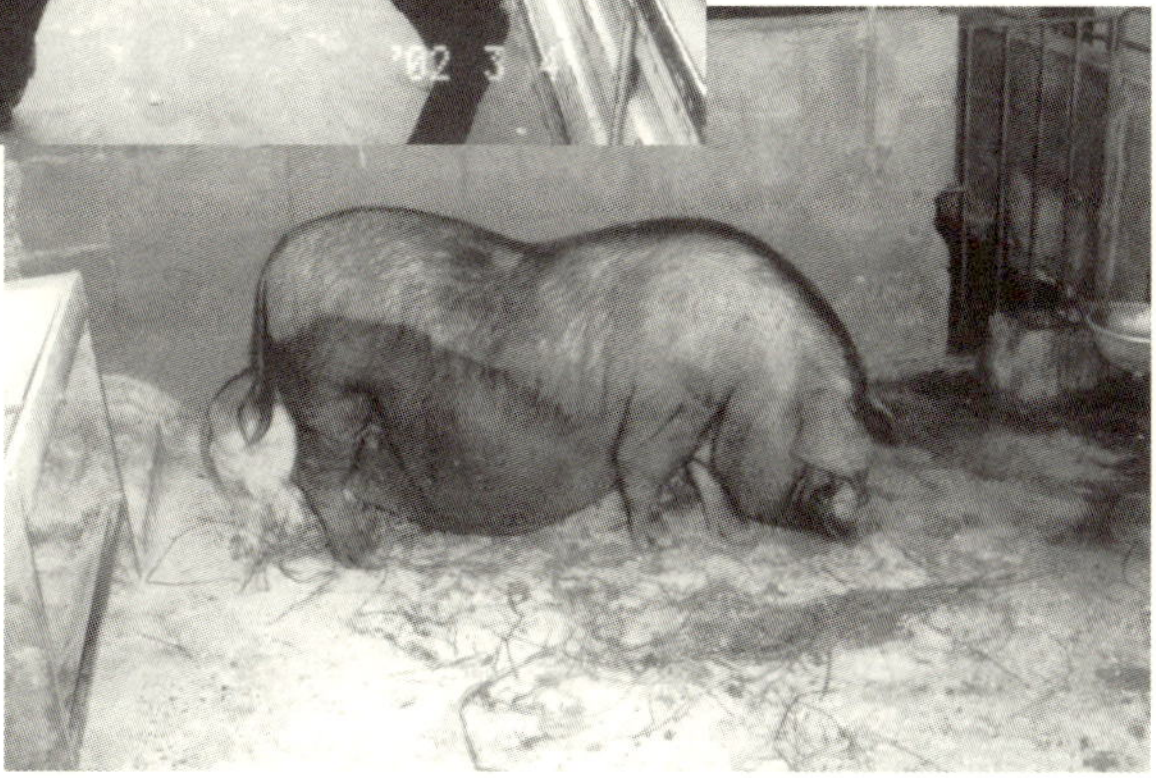

写真 2･2･5. 今帰仁系アグー

×アグー、LWAまたはWLAである。

●美ら島あぐー……那覇ミート（酒井文雄代表）によるランドレース種×ヨークシャー種×アグー、三元雑種のLWAまたはWLAである。出荷日齢を二七〇日にしたのを「琉球あぐー」と称している。

●琉球豚しゃぶ……知念ファーム（知念光雄代表）によるランドレース種（L）×アグーの二元雑種（LA）である。

●紅豚あぐー……がんじゅう（桃原清一郎代表）によるランドレース種×ヨークシャー種×アグーの三元雑種（LWA）、またはランドレース種×アグーの二元雑種（LA）である。

●今帰仁アグー……今帰仁アグー（高田勝代表）は、純血を重要視し、成長は遅いが、ビール粕など加えた特殊な飼料を与えることで脂肪豚になることを抑えながらじっくり成長させる方式を採用している。

上記の、今帰仁アグーを除く雑種豚には少なくともアグーの血（遺伝子）が五〇％入っていることになる。

一般にアグーを交配した肉豚は二四〇日齢で一一〇kgを出荷目標としている。なかには二七〇日齢で一一〇kgに仕上げている農家もいる。

【豚の交配様式】

ランドレース種（Landrace）、ヨークシャー種（Large White）、デュロック種（Duroc）、バークシャー種（Berkshire）およびアグー（Agu）の五品種が用いられている。豚は雌を先に表示するのでLWDはランドレース種雌（L）×ヨークシャー種雄（W）から生まれた雑種（LW: F_1）の雌×デュロック種雄(D)である。WLはヨークシャー種雌（W）×ランドレース種雄（L）の雑種である。

ヨークシャー種とランドレース種は肉量が多く、産子数も多いが肉質が劣るため両種のF_1に肉質のよいアグー、デュロック種、バークシャー種などを交配し肉量・肉質ともに優れた肉豚を生産するため品種間交配が行われている。

なお、肉豚は約200日齢で、110kgの出荷を目標とすることは、豚は成熟すると400kg以上になり肉は硬く、脂肪分が多く、味も悪くなる。そのため脂肪が少なく軟らかい肉を美味しく食べるため若齢豚が屠殺される。

三、山羊

1. 山羊を知る

起源と伝播

　山羊の野生種にはベゾアール、マルコールおよびアイベックスの三つの原種が知られている。その中でベゾアールが西アジアで家畜化され、東に移動の途中に中央アジアではマルコールの影響を受け、アフリカに伝播する過程でアイベックスの遺伝的影響を受けたといわれている。しかし、三つの野生種はそれぞれの分布地域で家畜化され、その後、すべての面で家畜山羊として優れていたベゾアールの影響を受けたとも考えられる。

　山羊の伝播は西アジア↓中央アジア↓東アジアに達し、さらに南下しマレー半島に達した。他方西アジア

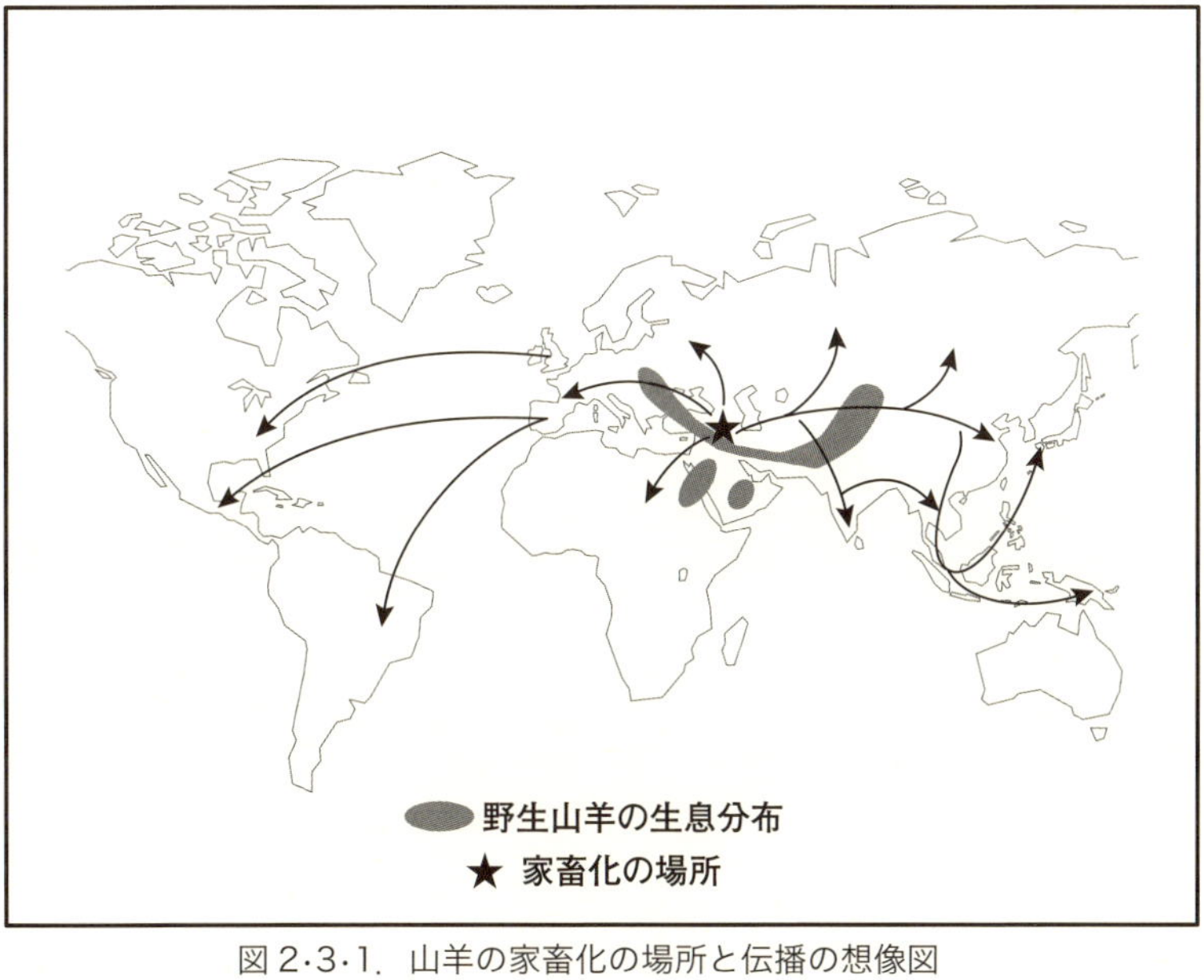

図 2·3·1. 山羊の家畜化の場所と伝播の想像図

↓インド↓ベンガル湾経由してマレー半島でぶつかり合いながらジャワ・ボルネオ・ルソンと広がり琉球・九州にも達した。

山羊が家畜化された年代は、農耕が始まるのとほぼ同時の一万~九〇〇〇年前といわれ、緬羊（羊）も同じ頃といわれている。犬に次いで山羊と緬羊が家畜化されたことになる。

山羊の品種は乳用、毛用、肉用および乳肉兼用タイプに分けられる。乳用にはザーネン種、アルパイン種、ヌビアン種、トッケンブルグ種などがいる。毛用としてはカシミヤ種、アンゴラ種があり、乳肉兼用種の代表はジャムナパリ種である。肉専用種はほとんどなくボアー種だけである。世界的に山羊肉が利用されながら肉専用品種が少ないのは、肉を利用するのが主に発展途上国やイスラム圏にとどまっており、温帯の先進文化圏では、肉がさほど重要視されないからである。

山羊は木の葉っぱを好み、木登りや崖をよじ登るのが得意である。中東では山羊がオリーブの木に登って実を食べ、未消化の種子が糞とともに排出される。糞の中から種子を取り出し、油を搾る様子をテレビで見た方もいると思う。

これに対し、緬羊は低い草を食べ、木登りも出来ない、いわば草原の掃除屋的な存在である。また山羊と緬羊の乳と肉は、あらゆる宗教から束縛されることなく世界中で広く利用されている。しかし日本では山羊、緬羊、アヒル、農用馬などは隅に追いやられた家畜である。

沖縄の在来山羊は、一五世紀後半に東南アジアから

【山羊の一生】

山羊の一生を乳用・肉用別に紹介する。

○乳用……春に誕生→除角は５～７日齢→去勢は 14 日齢→離乳は２ヶ月齢→交配は６～７ヶ月齢→分娩後 10 ヶ月間搾乳・泌乳量 530kg →秋に交配、妊娠期間は 152 日→６～８産目後淘汰。

○肉用……春に誕生→交配は６～７ヶ月齢＝当歳の秋発情交配、雄は１歳前後で肉用に屠殺、雌は２～３産目後、肉用に屠殺される。

写真 2-3-1. 沖縄在来山羊（雌）

写真 2-3-2. 沖縄在来山羊（雄）

渡ってきた。その特徴は、茶と白、黒と白が混ざった毛色、黒だけの毛色の個体などである。角をすべての山羊が持ち、肉髯（首または耳の付け根に肉鈴が付いている）はなく、副乳頭を有している。乳頭は一般に二本だが、この他に小さな乳頭があるのが副乳である。

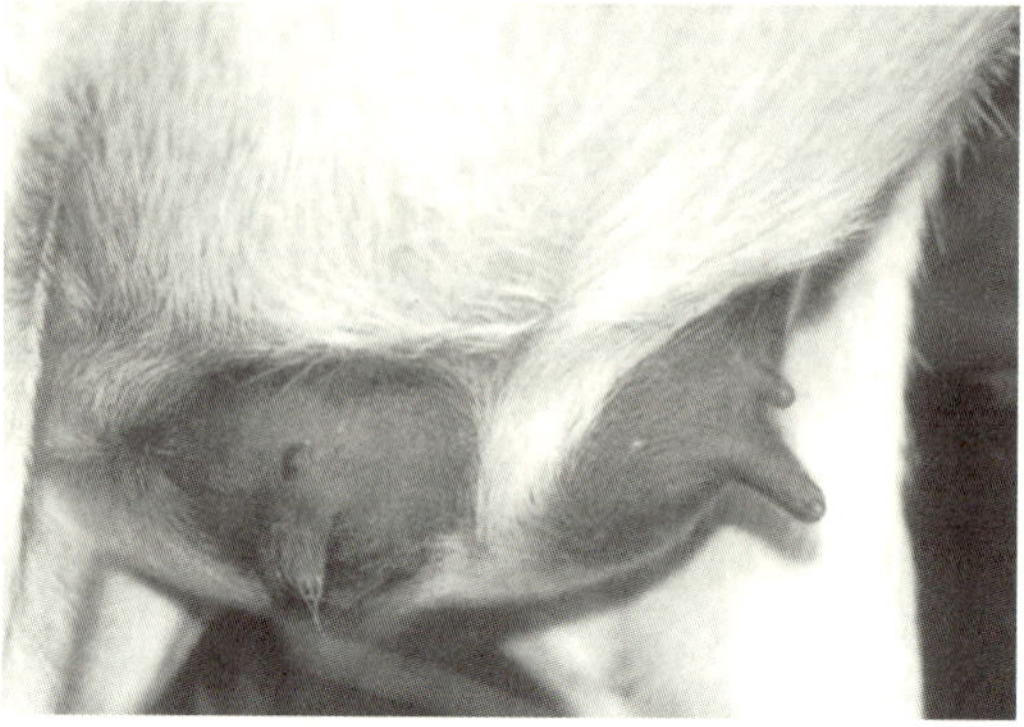
写真 2·3·3. 在来山羊が有する副乳頭（中西良孝）

写真 2·3·4. トカラ山羊（中西良孝）

●コラム　間性（ホーダニ）の遺伝

間性《かんせい》とは、劣性間性遺伝子により雌が雄化し、性器は発育不十分の奇形となり、妊性のない雌山羊である。間性は、山羊と豚に時々現れる。沖縄島では「ホーダニ」と呼ばれる。ホーは「ホーミ」のことで女性の陰部を意味し、「ダニ」は睾丸を意味しており、なんとも的確でユーモラスな表現である。宮古島では「ミービキ」でミーは雌、ビキは雄のこと、「雌でもあり、雄でもある」ということでこう呼ばれている。どちらの名称も「雌」が先にくるのが興味深い。

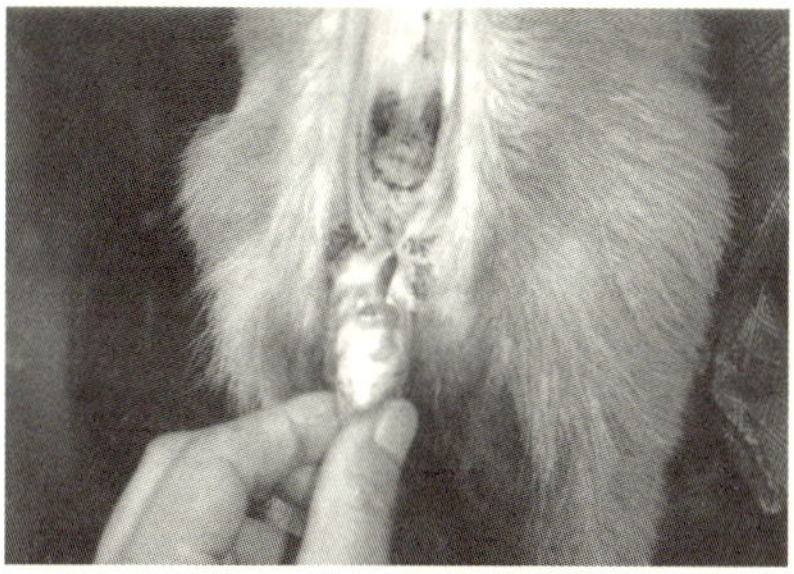

写真 2·3·5. 山羊の間性

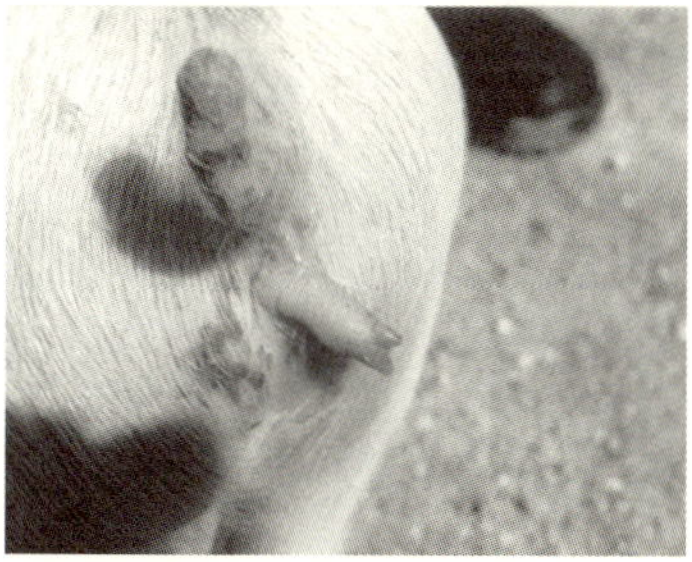

写真 2·3·6. 豚の間性

間性の程度はさまざまで、雌に近い個体から雄に近い個体まで変異している。山羊と豚の間性は、性染色体が雌型の XX 型に現れ、雄型の XY 型には発現しない雌性間性である。

豚の間性は写真に見るように雌の外陰部がペニス状に突き出ている。哺乳動物の性は元来雌で、クリトリスがペニス化したといわれていることから、豚の間性には性についての進化の跡が見られる。

山羊の間性は、無角に現れて有角には発現しない。遺伝の仕組みは無角（PP）が有角（pp）に対し優性。正常（HH）が間性（hh）に対し優性で、無角の遺伝子（PP）と間性の遺伝子（hh）が同じ染色体上にある。このように同一染色体上にある複数の遺伝子群を遺伝子連鎖という。雌では、無角の個体に正常と間性がいる。無角で正常の個体でも間性遺伝子を隠し持っている個体もいる。そのため間性を防ぐには有角の個体同士で交配すればよいことになる。

無角と間性の遺伝の仕組みが理解しにくいのは、同じ染色体上にありながら一方（無角）は優性で他方（間性）は劣性であるからである。

間性が生まれる仕組みを図解すると下図のようになる。

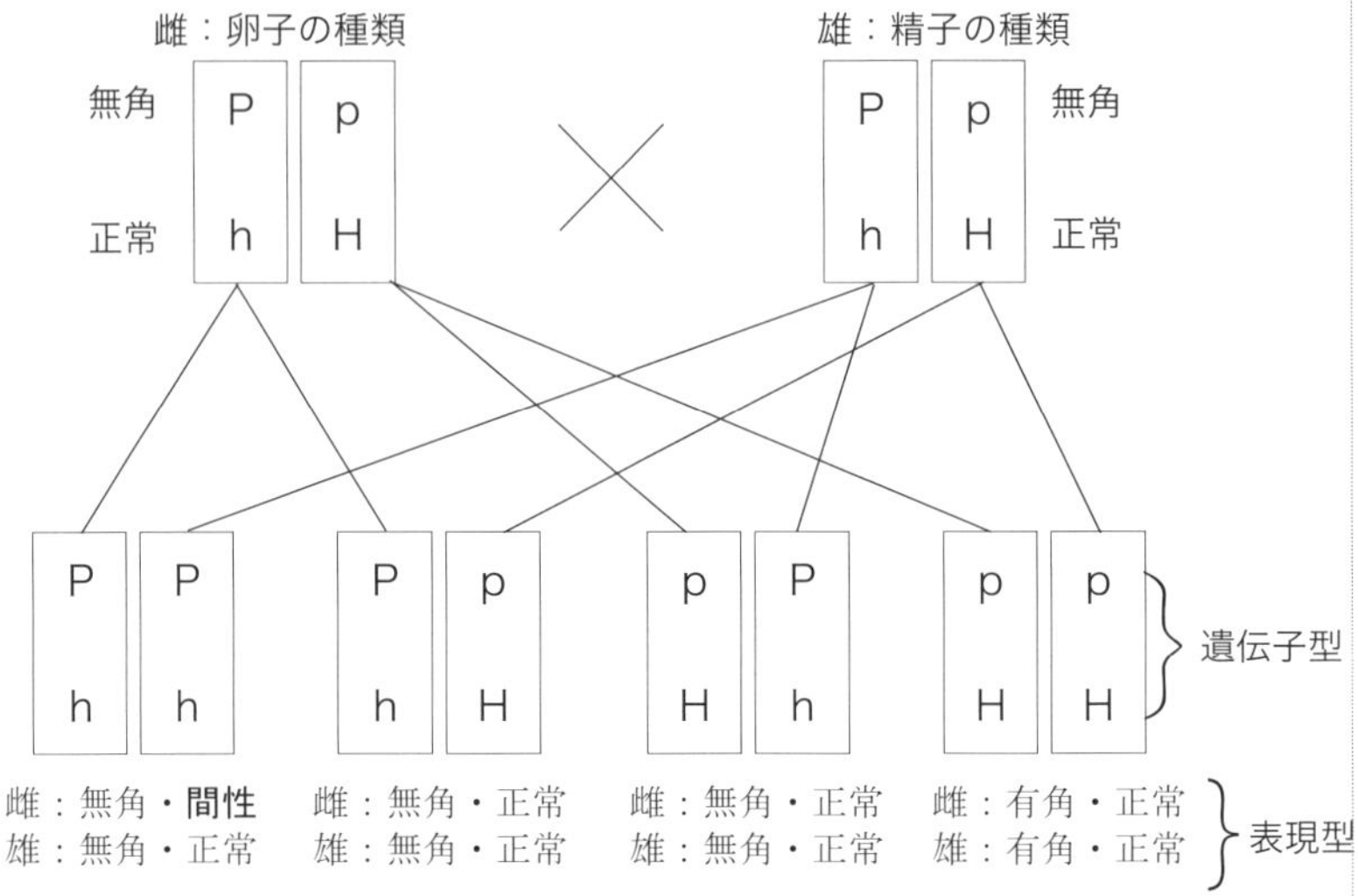

図 2·3·2. 無角と間性の連鎖遺伝の仕組み

図のように両親は無角で正常同士であるが、無角遺伝子と間性遺伝子が雌雄ともヘテロ型（Pp, Hh）の交配からは、雄は、言うまでもなくすべて正常である。雌の無角には正常と間性が現れ、その割合は2：1である。有角は常に正常である。なぜ雌だけが間性になるのか不明である。

最悪のケースは、無角の雌に間性遺伝子をホモ（hh）に持つ無角の雄を交配すると、生まれてくる雌の半数は間性となる。

●コラム　寝込んだ山羊飼い老母

沖縄島北部で、一人暮らしの老母が山羊を飼っていた。里帰りした子供たちは「経済面で困っているわけでなし、苦労して山羊を飼うのはもうやめなさい」と、半ば強制的にやめさせた。するとやることがなくなった老母は、しばらくして痴ほうが始まり、寝込みがちになった。子供たちは親孝行のつもりで山羊飼いをやめさせたが、かえって生きるすべを取り上げられたことになったのである。

山羊は高齢者でも飼いやすい生き物である。生き物を飼うというのは、楽しく、健康づくりによく、さらに、生きる目標にもなり、健康で長生きする秘訣の一つなのである。

雄はすべて毛髯《もうぜん》（あごひげ）を持っており、雌はある個体とない個体がいる。体は小さく、体重は二〇kg前後である。またトカラ山羊も沖縄在来山羊と近縁関係にある。つまり在来山羊の特徴は「有色、有角、肉髯なし、副乳頭あり、体重二〇kg前後」である。

2. 沖縄における改良の経過

山羊の用途は、肉用、乳用、毛用、皮用および役用である。沖縄では肉用と乳用である。飼い方は畜舎内に杭を打ち込みそれに繋ぐ方式が一般的である。先進的な農家は高床のスノコ式で飼っている。

沖縄在来山羊の体重は二二kg前後と小型である。これを改良するため主として日本ザーネン種を在来種に累進交配した集団が現在の「沖縄肉用山羊」である。交配が始まったのは一九二六年、沖縄県は長野県から日本ザーネン種を導入した。

戦後は、一九四七～一九四九年に戦後復旧を目的と

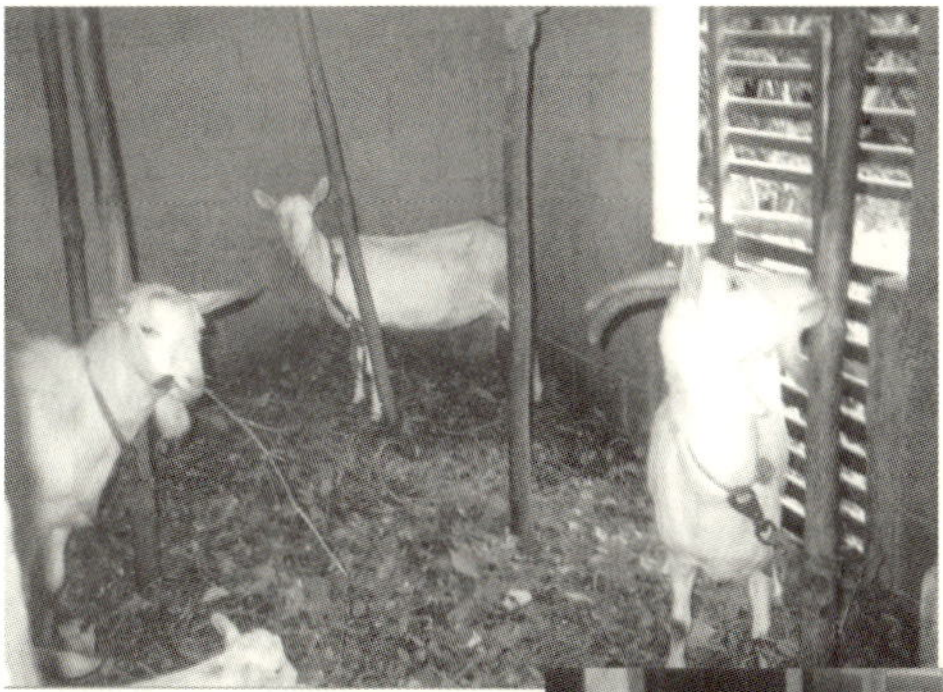

写真 2･3･7. 一般的な繋留法

写真 2･3･8. 近代的なスノコ式山羊舎

写真 2·3·9. 肉髯ありで無角の日本ザーネン種

して、米国産のザーネン種、トッケンブルグ種、ヌビアン種およびアルパイン種がアジア救済連盟（LARA）から送られ、増殖と改良に役立てられた。一九五二年からは琉球政府独自で改良のため日本ザーネン種を主として長野県から導入し、その後も導入は断続的に行われてきている。

一九九九年には乳用の目的でアルパイン種(宮崎産)が、肉用として肉専用種のボアー種（米国産）がそれぞれ初めて導入された。さらに二〇一〇年一月には沖縄県がニュージーランド産のボアー種雌五頭、雄七頭を導入し、改良に取り組んでいる。

一九八〇年代までは比較的遠隔地の離島には在来種が散見されたが、改良が進展した結果、現在では在来種に近い個体が残るのみとなっている。

ザーネン種が導入され交雑されてから約八〇年が経過した。それにもかかわらず遺伝子の流入率は血液中の酵素多型遺伝子からは一三％と推定された。また外部形態遺伝形質から推定すると六七％（一九七九）、近年（二〇〇八）では六九％と推定され、予想より低く、体重も三〇kg前後で大型化していない。この原因は以下のようなことが考えられる。

泌乳能力が高くて体重の重いザーネン種に比較的近い個体が、乳を利用しないために乳房炎に罹り淘汰される。風土病である腰麻痺にザーネン種は弱く、、淘汰される機会が多いことから、持続的に遺伝子が流入していない。

一九九九年、初めて肉専用のボアー種が導入された。そのことにより枝肉歩留まりが五〇％以下という従来の山羊の欠点が克服できるのか、体重と肉量が増加できるのか。今後興味のあるところである。

3. 肉用山羊

沖縄では、山羊肉は市場で販売されている。沖縄の古典的な山羊料理は、全身をぶつ切りにした骨付きに肉と腸、肺、肝臓などの内臓を一緒に大鍋（シンメー

写真 2・3・10. アメリカから輸入されたボアー種

ナービ）で煮込んだ汁炊き、すなわち「山羊汁」である。山羊汁は塩味または味噌味にする。薬味の筆頭はヨモギで、地域により桑やオオバコの葉を入れる。

その他、「山羊刺し」、「タマちゃん」および「血炒《チーイ》リチャー」がある。刺身は、皮付き肉または肉のみで皮を軽く火で茶色になるまで炙り、薄切りにし、ショウガ醤油、ワサビ醤油、酢醤油などで食べる。タマちゃんは、睾丸を軽く炙り、薄切りにしてショウガ醤油またはワサビ醤油で食べる。血炒リチャーは、ゆでた肉を適当な大きさに切り、それに血液を入れて揉み、ニラや葉野菜などと炒めたものである。

写真 2･3･11. 那覇市の公設市場の売り場

現在の沖縄においては、山羊肉は日常的に食する料理でなく、家の棟上げ式や選挙運動の小宴、各種の慰労会、離島では親類縁者が島を離れる際や、島に帰る時などの歓送迎会に山羊料理がふるまわれるなど、特別の宴会用である。

しかし、このような光景も近年少なくなり、幼少期における食体験の機会が少なくなっている。地域の食文化を継承・発展させるには、食体験が重要である。山羊の食文化を継承するには食の機会をいかに多く持つかが課題である。

山羊肉には独特の臭いがあるため、食体験がないまま成長した人には抵抗感があるようだ。

近年、山羊料理に初めて挑戦する人でもいただきやすいように、山羊肉カレー、焼き肉、串サシ、山羊餃子などのメニューが開発されている。しかし山羊料理のさらなる普及には至っていない。山羊刺しは、一般的に抵抗なく受け入れられるが、熊本や長野の馬刺しのようには普及していない。その理由は、山羊刺しを前面に出して宣伝すると、骨、内臓などが売れなくなる。これら未利用部分を含め山羊刺しに価格を転嫁し値段を上げることは出来ないという業者側の事情があるようだ。

●コラム　山羊汁の効用

山羊料理には人の体内の異物を排出し、免疫力を高める効果があるといわれ、安産のため産前に、産後の回復に山羊汁を食べさせる。『渡名喜村史』によると、打ち身、破傷風、疝気（下腹部の痛み）などに民間療法として山羊汁を飲ませたとある。

韓国では受験勉強で疲れた体の回復に山羊汁が食される。

写真 2･3･12. 山羊汁を炊く様子：丼にはすでにヨモギが入っている。

写真 2･3･13. 沖縄の山羊料理のすべて：手前の膳上段左から刺身、タマちゃん、たくわん。下段左からご飯、山羊汁、血炒リチャー。上の膳には酢、唐辛子の泡盛漬け、練り唐辛子、醤油、七味唐辛子、塩。

県内の山羊料理愛好家（ヒージャージョーグー）向けには、従来の伝統的な食べ方を提供しながら、観光客向けには「沖縄に山羊刺しあり」と宣伝し、食体験させることも一つの山羊振興策である。

4．乳用山羊

山羊乳は母乳に近く、乳アレルギー原因物質が少なく、アレルギー反応を起こさない。沖縄でも戦後の食糧難の時期、母乳の代わりに利用された。しかし、乳利用の歴史が無く、長続きしなかった。近年、乳用山羊農家のはごろも牧場（新城将秀代表）が、新たな試みとして、山羊乳チーズ、ヨーグルト、石鹸などを開発・販売している。

5．闘山羊（ピージャーオーラサイ）

瀬底島では島おこしのために一九九五年、戦前行われていたピージャーオーラサイを復活させた。開催日はゴールデンウィーク中の五月四日である。大柄の山羊が仁王立ちから勢いよく角を振り下ろし、ぶつかり合う戦いぶりは見応えがある。

写真 2･3･14. 山羊乳から開発された製品
右からチーズ、ヨーグルト、生乳、石鹸

写真 2･3･15. 高床式山羊舎

写真 2･3･16. 除糞用ベルトコンベヤー

角がぶつかり合う音は、遠くまで響き渡る。険しい石山の山間で、野生種の雄同士が発情期の雌を求め闘い、力一杯角をぶつけ合い、こだまする音を聞いている錯覚をおぼえるのは筆者だけではないだろう。

6. 台湾の山羊事情

台湾では乳用山羊は隆盛を極めており、五〇〇頭規模の農家がほとんどである。山羊舎は高床のスノコ式で、糞はベルトコンベヤーで受け、搬出されるなど最新の設備を備えている。

品種はアルパイン種が多く、ザーネン種、ヌビアン種、トッケンブルグ種などを外国から輸入し、改良しながら遺伝子の更新を行っている。ほとんどの山羊は有角で、除角し飼育している。先述の通り、有角には間性が発現しないため、経営上損失となる間性の山羊の発生を防止するために、有角を飼育している。

山羊乳は専用のミルクタンクローリー車で集め、大

写真 2･3･17. 舎内の除角された山羊の飼育風景（台湾）

規模な山羊乳処理工場に運ばれ製品化されている。山羊乳加工工場は台湾全土で十数社あるといわれている。乳用山羊の飼育、山羊乳処理、加工などのシステムはおそらく世界一と思われる。

山羊乳は、大部分が生乳で殺菌処理後、瓶詰めにされ冷蔵保存後、消費者には温めて届けられ飲まれている。山羊乳は一般的に体の免疫力を高め、特に呼吸器系と消化器系の病気の予防に良いとされ、広く飲用されている。その他に加工乳としてヨーグルト類が多く、チーズは製造されていない。

乳は、一般に冷やして飲む食品だが、台湾では「山羊乳は温めて、牛乳は冷やして」飲む慣習があり、山羊乳と牛乳は、住み分け区別されている。温めて飲む山羊乳は冬期に需要が増大し、夏期は消費が落ち込むため、季節繁殖を秋から春先に制御している（次項参照）。

台湾では山羊肉の料理も豊富である。写真二・三・二〇の食堂では山羊肉メニューも一八品目に分かれ、

写真 2･3･18. 山羊乳加工工場

写真 2･3･19. タンクローリー車で各農家から乳を集める

●コラム　多良間ピンダで島興し

多良間島では山羊を「ピンダ」と呼び、宮古島では「ピンザ」と呼ぶ。多良間島には高校がないため、中学を卒業した島の人は、宮古島にある高校で学ぶため島を離れる。

宮古島に来た生徒たちが、悔しい思いをする言葉がある。多良間出身といえば、「じゃあ君は『多良間ピンザ』だな」と宮古島の人から呼ばれるのである。多良間島には山羊が多く、しかも美味しいことが島の代名詞となっているからで、ある意味ではけなし、見下げた呼び名といえるかもしれない。

そうやって悔しい思いをした多良間島の学生は、内心煮えたぎる怒りを感じながら、表には出さず、「いつかは勉学で優位に立ってやる」と、心に深く刻みながら勉学に励んでいたのかもしれない。そのためか、多良間島出身者には優秀な方々が多い傾向にある。

多良間の人々は、そういう悔しい思いをした「多良間ピンザ」で島おこしをしたいと発想した。旧多良間飛行場跡の利用も含め総理府の「一島一夢物語」事業として 山羊の肉と乳について生産から販売まで担う施設を立ち上げた。

山羊舎はすでに完成している。行政側がこのような大きな事業をしたのは初めてのことである。山羊は畜産行政的に支援する制度が無く、自助努力が一層求められる。「多良間ピンザ」と卑下された思いをバネに事業が成功することを祈る。

お客も多く盛況であった。一般的料理は、山羊肉に野菜、椎茸などを入れた鍋物であるが、皮だけの料理もある。珍味で最も高価なものが羊佛（睾丸）で、五〇〇g当たり五〇〇元（一四二五円）である。

台湾での飼養頭数は肉用山羊一七万頭、乳用山羊六万頭、合計二三万頭である。台湾では有色の山羊が肉用としては好まれるが、沖縄では逆に白色が好まれる。

7. 台湾における発情季節の制御

先述したように、台湾では冬場に需要が増える山羊乳の効率的な生産のため、秋季から春季に繁殖期間が調整されている。

発情季節を制御する方法は、日の出・日の入りそれぞれ数時間前より「二〇時間明・四時間暗」の条件下で雌雄別々に四五～六〇日間飼い、点灯処理後、自然環境下で雌雄を同居させると数週間後に発情する。受胎率は八〇％以上であるとのことである。

我が国では地域により異なると思うが、おおよそ暗い時間帯は、夜一〇時～朝二時までとすればよいことになる。

山羊の発情制御について我が国の研究者は、過去に短日処理とホルモン処理をした実績があるが、実用化にはいたっていない。台湾での取り組みが日本でも再現できれば画期的な朗報である。

写真 2･3･20. 食堂の山羊肉料理メニュー

写真 2･3･21. 皮だけの料理

写真 2･3･22. 山羊の鍋物

四、牛

1．牛を知る

起源と伝播

牛の祖である「原牛」のオーロックスは、大型で体高は雌一五〇cm、雄一七五cm以上、褐色がかった背線を持ち全身黒色であった。一六二七年ポーランドの森で一頭が捕獲され、それを最後に絶滅した。

多くの家畜は野生種より家畜種が大きいのに比べ、牛は家畜化に伴い小型化した。

牛は、肩にコブを持たない北方系牛とコブを持つインド系牛に大きく分けられる。このように外貌が著しく異なることから両系牛は起源の異なる亜種集団であったと考えられる。家畜化された年代は八〇〇〇～六〇〇〇年前と推定されている。

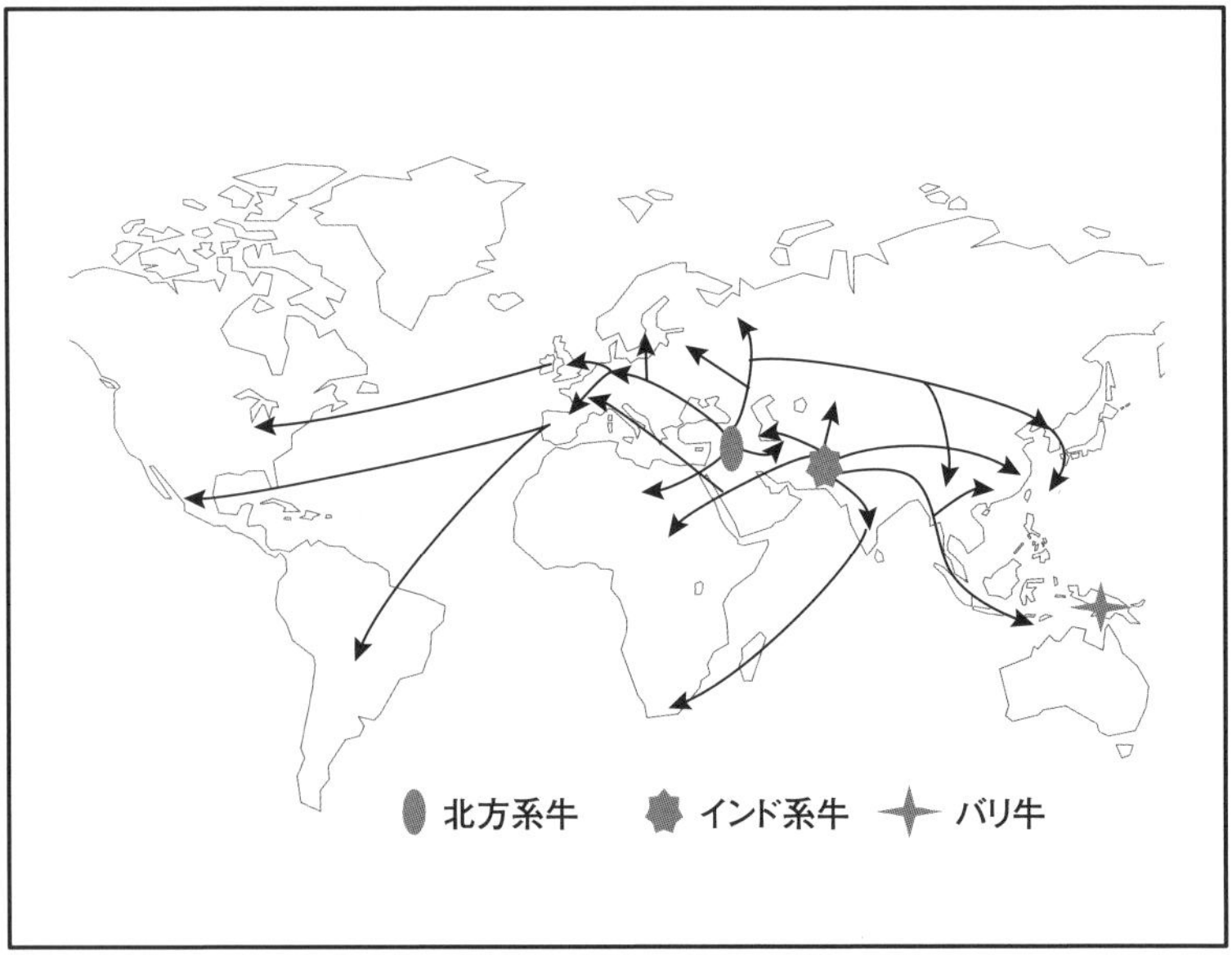

図 2･4･1．牛の家畜化の場所と伝播の想像図

北方系牛はアナトリア高原南部のメソポタミア文明地域で家畜化され、主としてヨーロッパや北東アジアや東アジアに分布を広げ日本に達した。さらに東南アジアの方向にも侵入していった。

インド系牛はパキスタンからアフガニスタン東部にかけてのインダス文明地域でそれぞれ家畜化され、熱帯から亜熱帯の地域に分布を広げた。

他方、バリ牛は前述のインド系牛や北方系牛とは異なり、バンテング野生牛からバリ島で家畜化された。しかしバリ牛は、他の地域に広がることなくインドネシアにとどまっている。

肩にコブのあるゼブー系牛は小型と大型に分けられ、暑さに強く、役用と肉用に適している。インドには大型のブラーマン種と小型の黄牛がいる。

大型種は輸出先のアメリカやオーストラリアで改良され、さらに大型化した。黄牛は、さほど改良されることなくアジアの国々で役肉兼用種として広く飼養されている。

コブのない北方系（ヨーロッパ系）は大型で乳用のホルスタイン種、肉用のショートホーン種、ヘレフォード種、アンガス種など経済価値の高い専用種が、温帯から寒帯にかけて飼われている。

このように、インド系牛は開発途上国の牛であり、北方系牛は先進国の牛であるといえる。

西アジアの定着農耕民が六〇〇〇～五〇〇〇年前、牛に犂《すき》を牽かせ畑を耕すことを発明した。これは人類史上画期的な出来事で、小麦や大麦の栽培法に革命をもたらすとともに栽培面積と収穫量を飛躍的に増大させた。

これまで女性の手により行われていた穀物栽培は、牛を訓練し、使いこなし、犂を牽かせるという重労働となったため、男性の作業に移行した。これを期に女性が食料生産の主役の座から転落したのである。

この後、牛車の車輪は、イラク南部に当たるメソポタミアで五五〇〇年～五〇〇〇年前、シュメール人により発明された。それは四輪車で三頭引き、輸送手段としても画期的な革命であった。

牛による農耕は世界中に広がって普及し、牛は人と深く関わり合いながら歴史を築いていくことになる。

牛は、古くから荷物を運搬し、田畑を耕し、農用としての重要な役割を担い農耕文化を支えてきた。それが効率の良い馬に替わり、さらに耕耘機やトラクターに替わったため、役畜としての役割は著しく低下することになるが、肉専用としての役割は増大している。

インドのヒンズー教徒やバラモン教徒にとっては、牛は最も崇拝すべき神聖なる家畜であり、殺傷および食べることは厳しく戒められている。

日本に伝来した在来牛は、明治期に輸入されたブラウンスイス種、ショートホーン種、デボン種などの洋種と交配され、選抜・改良の結果、黒毛和種、褐毛和種、日本短角種、

【牛の一生】
○肉用牛
誕生→３ヶ月齢で草を食べ始める→４ヶ月齢で離乳→14～15ヶ月齢で種付け→24～25ヶ月齢で分娩→分娩後80日以内に種付けする、妊娠期間は284日→年一産の10産目までが理想。

雄子牛は２ヶ月齢で去勢、４～10日前後で除角、鼻に環を付け繋ぐために２～３ヶ月齢で鼻木通しをする。牛を去勢する目的は、肉質の向上と闘争本能をなくし、群れで飼いやすくするためである。しかしヨーロッパでは動物福祉（愛護）の観点から去勢を見直す動きがみられる。去勢雄の肥育は７ヶ月齢から開始し27ヶ月齢まで肥育し、筋繊維内に脂肪が入るまで肥育する。このことをサシが入ると呼び「霜降り肉」と称している。

豚や肉用鶏（ブロイラー）は若齢で屠殺するのに対し黒毛和種は成長が止まり、脂肪が乗り筋繊維内にサシが入るまで肥育する。牛肉1kg生産するのに濃厚飼料は8kgを必要とし、最も資源浪費型の贅沢な肉である。
○乳用牛
誕生→すぐに離乳し初乳は搾って与えるが、その後は人工乳で育成→14～16ヶ月齢で種付け→24～26ヶ月齢で分娩→分娩60日以内に種付け妊娠→300日間搾乳（平均7500kgの泌乳量）→分娩60日前までに搾乳を止め、次の分娩に備える→毎年産み６～８産目まで搾乳→その後は肉牛になる。

生まれる子牛の半数は雄である。ごくごく一部が種雄として人工授精用に精液が採取される。ほとんどの雄子牛は肉用牛とし肥育され、赤肉生産が主体であるため、約20ヶ月齢未満で屠殺される。なお、肉用牛には肉専用種、乳用牛の雄子牛、雑種牛などが含まれる。肉牛にはふたつの意味があり、牛肉を生産する目的で育種された牛（肉用種）、または、食肉を得る目的で飼育されている牛、の両方の意味がある。

無角和種の四品種が作出された。

その中で世界的に最も肉質が優れ、全国的に飼われているのが有角で黒毛の「黒毛和種」である。

熊本県の阿蘇山麓には、有角で褐毛の「褐毛和種」、岩手・東北では有角で褐色の「日本短角種」、山口県では無角で黒毛の「無角和種」がそれぞれ飼われている。

沖縄への渡来は南方からとの説がある一方、北方説が有力になっている。

渡ってきた在来牛は黒毛が多く、褐白毛や黒白毛もいた。成雌は体高、体長ともそれぞれ一一〇cmで、体重は二六〇kgであった。

ひれステーキとはどの部分

牛肉の各部の名称は図二・四・二のようになる。大きく、もも、ロイン、ばら、まえの四部位に分かれ、さらに細かく分けると一四部位になる。

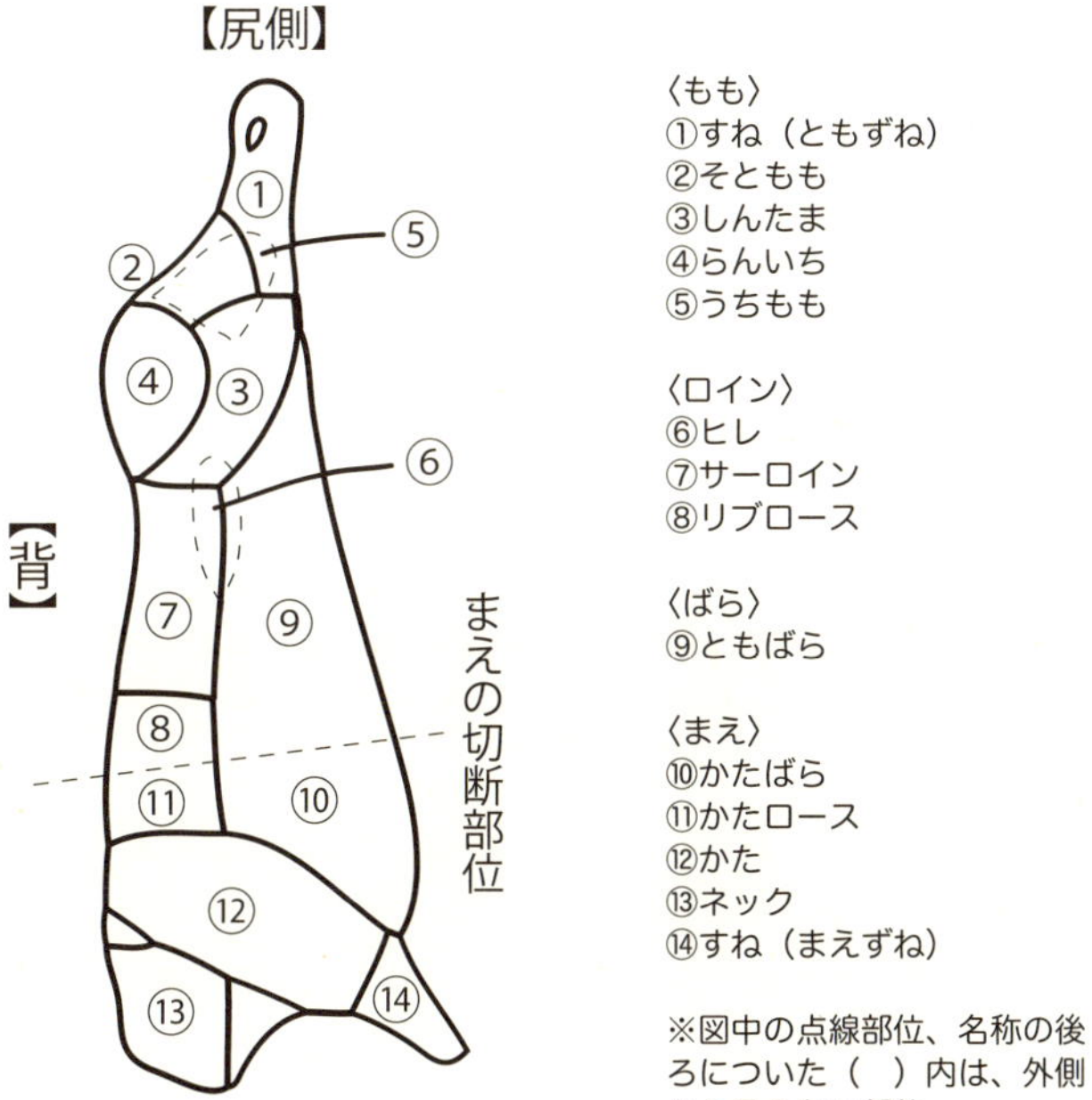

※図中の点線部位、名称の後ろについた（　）内は、外側から見えない部位。

図 2･4･2. 屠体の各部の名称

2. 沖縄における改良の歴史

役から肉へ

沖縄には現在、在来牛は飼養されていない。トカラ列島の口之島には在来牛の口之島牛が半野生状態でいる。毛色は黒白と褐白である。また山口県の見島には全身黒毛の在来牛である国指定天然記念物の見島牛が飼育されている。

沖縄県では在来牛を改良するため、明治期から大正期にかけて、洋種のエアシャー種（一九〇六）、シンメンタール種（一九一三）、ホルスタイン種（一九一三）を内地から導入した。さらに石垣島では台湾から黄牛（一九三三）を導入した。なお、家畜の導入は数年に及ぶことが多いが、ここでの括弧は導入初年を表す。

これらの牛は、主として役用として、田畑を耕し、車を牽《ひ》き、背中に荷物を乗せ運び、私達の暮らしを支えてきた。

戦後、米軍占領下では肉専用種の繁殖用の黒毛和種雌を、奄美群島（一九四六）や鳥取県（一九五〇）から、ヘレフォード種（米国産一九四六、豪州産一九五五）、アバディーンアンガス種（米国産一九六二）、ショートホーン種（豪州産一九五五）、シャロレー種（北海道産一九六八）を輸入し、それぞれの品種同士で増殖を行うとともに、交雑種による肉の生産を行った。

肉用牛として雑種牛の生産が盛んだった理由として、一九五二年頃から米軍向けに牛肉の出荷が始まり、一九六六年まで継続したことが挙げられる。この間は肉質より肉量が重視された。一九六一年に登録された和牛には黒毛和種、日本短角種および無角和種（山口県産一九六五）が記され、種々雑多な品種が入り乱れていた。その後、市場が内地に向かうに伴い、肉質が重視され、品種は黒毛和種に統一されるようになった。沖縄が本土に復帰した一九七二年以降は急速に黒毛和種のみに収斂された。

黒毛和種については子牛を生産し販売する「繁殖経

写真 2･4･1. 黒白の口之島牛・雌（中西良孝）

写真 2･4･2. 褐白の口之島牛・雌（中西良孝）

写真 2･4･3. 見島牛・雄（田中和明）

営」が主体の農家が多い。去勢雄子牛を地元で肥育し販売する肥育農家は少ない。そのようななかでも肥育業者がいて、銘柄牛としては「JAおきなわ牛」、「本部牧場牛」、「山城牛」、「石垣牛」などがある。

乳用牛＝酪農

沖縄では、一八八三（明治一六）年に乳用牛として二頭が初めて統計資料に表れた。その後は微増傾向にあり、一九〇六年には二〇〇頭台まで増頭した。その当時の品種は不明である。

その後輸入されたエアシャー種やシンメンタール種は、在来種を役肉用に改良することが主な目的であったが、一九一三（大正二）年から乳用牛の改良にエアシャー種が用いられることが県の方針として決定された。この年が沖縄県として乳用牛を正式に取り組んだ年となる。しかし、乳の食文化は極めて低調で三〇〇〜四〇〇頭程度で一九四〇年まで推移した。

戦後はアメリカ軍から脱脂粉乳、バター、チーズが

写真 2･4･4. 畑の牛耕

配給され、これらの乳製品を県民は初めて口にし、乳用牛に対する認識を新たにした。一九五一年にはホルスタイン種を内地から導入し、振興を図るとともにイラワラショートホーン種（豪州産一九五六）を輸入し、

写真 2･4･5. ホルスタイン種（家畜改良事業団）

酪農が推進された。さらに、暑さに弱いホルスタイン種を補完するためジャージー種（米国産一九六二）も輸入したが乳量が低く、一九六五年以降はホルスタイン種に統一された。

復帰後は学校給食に生乳が義務づけられたことで頭数は著しく伸び、本県としては初めて一万頭台を突破した。しかし二〇〇〇年の一二二〇〇頭をピークに漸減傾向にある。

一九六八（昭和四三）年に生産者の権利を守るために全琉酪農組合が結成された。他方では一般会社による乳製品の加工・生産も活発であった。特に加工乳が多く、復帰時点では生乳の自給率は五七％であった。

復帰後は、他府県同様に沖縄県酪協同組合が結成され、乳に関する集荷体制が一元化され、牛乳の生産・調整が行われている。一般に飲まれている生乳加工メーカーは沖縄島に沖縄明治、沖縄森永、宮平乳業、玉城牧場牛乳、おっぱ乳業、やんばる乳業および石川乳業の七社、宮古島には宮古ゲンキ乳業と宮古アサヒ

乳業の二社、石垣島にはマリヤ乳業と八重山ゲンキ乳業の二社となっている。

3．闘牛（ウシオーラセー）

闘牛は、娯楽のために始まったと思われる。沖縄では年中行事の一つに挙げられ、闘牛ファンも多く、無くてはならない存在である。近年では観光資源としても見直され、闘牛用の牛の育成も盛んである。

闘牛を運営しているのは闘牛組合で、沖縄では沖縄県闘牛組合連合会の下に、一七の支部がある。

闘牛には地域特性があり、沖縄県でも沖縄島、石垣島および与那国島で盛んで、それ以外の島では催されていない。

県外では徳之島、隠岐、宇和島、八丈島、新潟県および岩手県で行われている。

闘牛の品種は黒毛和種が多く、日本短角種および雑種牛の去勢しない雄牛同士が闘う。顔面が白い雑種牛にはヘレフォード種、乳房部付近が白い雑種牛はホルスタイン種の血が入っている。

沖縄のウシオーラセーの場合、組み合わせは、牛主と主催者双方で戦歴、牛の状態、体重差などを考慮し話し合いで決める。重量の似た牛同士が一般に対戦し、品種の区別はない。

技は「押し」、「突き」、「掛け」、「持たせ込み」および「腹取り」の五つに大別される。

○押し……正面から互いに押す。
○突き……相手の眉間をめがけて、鋭い角を突き刺す。
○掛け……角を掛け合いながら次の技を仕掛ける。
○持たせ込み……体重を相手にのしかけ、疲れさせる。
○腹取り……相手の腹を角で引っかけ、仰向けにひっくり返す。

八〇〇kg～一一〇〇kgの巨体がぶつかり合い、血を流す生死を懸けた戦いに、闘牛場の観衆は手に汗を握

写真 2·4·6. 闘牛

り興奮のるつぼと化す。

闘牛関係者は、大会前日は牛主の家に集まり、明日の対戦がどのような戦いになるのか、互いに熱く語り合う。戦いが終われば、今日の戦いぶりについて微々詳細にわたり、酒を酌み交わしながら語り合うという。

【分娩時刻を昼に変更する方法】

牛が分娩する時間帯は、夜間と昼間がそれぞれ半々であるが、深夜にお産をするとその介護に苦労する。少なくとも、夜九時頃までに分娩が終われば管理が楽になる。

分娩時刻の変更のための技術を、琉球大学の玉城政信教授が開発した。

分娩予定日の 14 日前から昼間はエサを与えないで 17 時以降に与えることに切り換えれば、6 時〜 21 時までに分娩する個体が昼間給与するより 30 〜 40%増加すとのことである。

このように、非常に簡単な方法で分娩管理が楽になる。

しかしすべての個体が昼間分娩するということではないので、今後は、さらなる技術の開発が望まれる。

五、在来鶏（チャーン）

1．鶏を知る

起源と来歴

鶏の家畜化は 東南アジアの祖先種である赤色野鶏が棲息する地域で、五〇〇〇年前頃のことである。その後、西へはインドからペルシャ、ヨーロッパ、エジプトへと分布を広げた。南はマレー半島、大小スンダ列島、北は大陸沿岸沿いに北上し朝鮮に至り、日本に達している。

さらに日本には南方から台湾↓琉球、フィリピン↓琉球、琉球↓九州のルートで伝播したとされている。

祖先種の赤色野鶏は、民家の近くの森に棲み、人が残した食べ物を求めて人間の生活圏に接近し、家畜化したと思われる。強制的に家畜化したというより、自

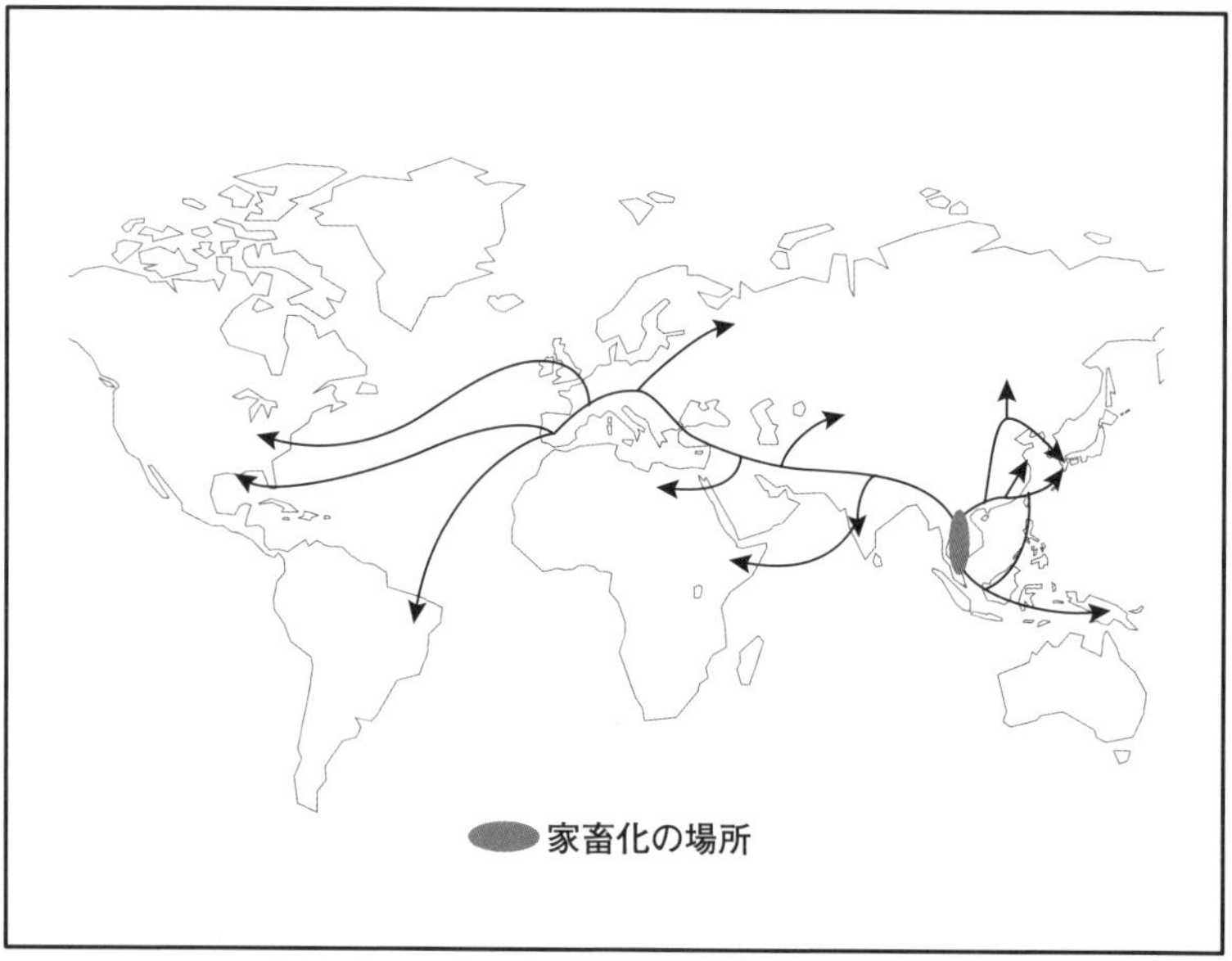

図 2･5･1．鶏の家畜化の場所と伝播の想像図

然の内に互いに接近し、利益を共有するようになった。家畜化した後も野生種とは日常的に交流が長期間続くことになる。この点では豚と猪との関係に似ている。鶏は、夜の闇を破るように時を告げることから、「神の使い」と考えられ、聖なる鶏ともされた。食事のこぼれ物で簡単に飼育でき、見返りに肉と卵が得られることから家畜としても優れた面を持っている。

家畜の中でも鶏は少ないエサで多くの卵と肉を生産する点では右に出る家畜はなく、最も効率よく動物蛋白質を供給してくれる。

品種は卵用種として世界中に飼われているレグホーン種、その他ミノルカ種などである。肉用にワイアンドット種、コーニッシュ種、卵肉兼用種にプリマスロック種、ロードアイランドレッド種、ニューハンプシャー種などが有名である。

日本では多くの愛玩品種が確立され、その中でも「尾長鶏」は尾の長さが一〇メートル以上に達し世界的に類を見ない存在である。また「肥後ちゃぼ」の鶏冠と肉髯は世界最大で、形も良く芸術品である。

実用鶏としては、名古屋の名古屋コーチンと三河種がいる。他の日本鶏も肉質に優れていることから、肉専用種または卵肉兼用種を交配した交雑種を利用したブロイラーが生産され、地域おこし商品の一つになっている。

沖縄には犬に次いで、南方から古い時代に導入されたのが鶏と思われる。雄鶏は力一杯声を張り上げ鳴き、黎明の時を告げる。一番鶏が鳴くと夜明けに近いことを知り、しばらく時をおいて二番鶏が鳴くとそろそろ夜が明けることを知った。栄養豊富な卵と肉が雑穀や残飯を与えるだけで比較的簡単に得られることから古い時代から養鶏が営まれていた。

一般に在来鶏は、「ハードゥヤー」または「ハードゥイ」と呼ばれた。巣ごもる能力に優れ、産卵後には雛を孵し、親鳥と雛がよちよち歩く姿が、一九六〇年頃まではよく見られた。

本来、ハードゥヤーとチャーンとは区別して考えるべきである。しかし、ハードゥヤーといわれた在来鶏は絶滅してしまったが、犬に次ぐ古い家畜である。現在では在来鶏といえばチャーンを意味する。

チャーンは一五世紀、中国に留学した学生たちが持ち帰ったといわれ、首里の武家屋敷を中心に飼われた。鳴き声は果報をもたらすとされ、貴族が好んで飼育したという。

写真 2･5･1. 声高らかに鳴くチャーン雄（村山望）

属間交配

鳥類では、ニワトリとニホンウズラは属が異なるため、ニワトリとウズラの交配から生まれた雛は属間雑種である。鶏は、キジ目、キジ科、ニワトリ属、ニワトリ種である。ウズラは、キジ目、キジ科、ウズラ属、

【鶏の雌雄の見分け方】

この技術は日本で開発された肛門鑑別法である。戦後、何もなかった時代に外貨獲得に大いに貢献し、世界中のあらゆる国々で日本の雌雄鑑別士が活躍した。帰国後は御殿が建つといわれるぐらい大切にもてはやされた時代もあった。

しかし、近年羽毛による鑑別法が普及し、肛門鑑別法は大きく後退した。

羽毛による鑑別法は、翼羽の長短で見分けることからひじょうに簡単である。

速羽と遅羽の遺伝子がＺ性染色体上にある伴性遺伝である。遅羽が優性（Z^A）で、速羽は劣性（Z^a）であるため遅羽の雌（Z^AW）に速羽の雄（Z^aZ^a）を交配し生まれた雛は、遅羽が雄（Z^AZ^a）、速羽が雌（Z^aW）となる。

なお性決定因子は、鳥類では雌に、哺乳類では雄にある。

ニホンウズラ種である。

ちなみに、七面鳥は高等動物では珍しく、未受精卵から発生した雛が得られ、処女生殖する鳥である。処女生殖から生まれた七面鳥はすべて雄である。鳥類では種の分化の程度が低いため、属間雑種が出来ると考えられている。哺乳類は鳥類より種の分化の程度が高いため、種間雑種は出来るが、属間雑種は出来ない。

2. 沖縄の養鶏の変遷

採卵鶏

沖縄では、農家の庭先などで一九五〇年頃までの長い間、古い時代に伝わった在来鶏（ハードゥイ）を大切に飼育し、卵と肉を利用していた。と同時に在来種以外の養鶏も行われている。在来鶏について述べる前に、この沖縄の養鶏について述べてみたい。

一九一三年、大正期には能力の向上を目指し、レグホーン種、アンダルシャン種、ミノルカ種、コーチン種、プリマスロック種などを導入し交配した。これは沖縄の養鶏業が大正の初期から本格的に胎動したことを意味する。

飼育方法は、庭先での放し飼いであった。鶏が遠出をし、作物に被害を及ぼさないように足に紐を結わえ、さらに紐の先には下駄をくくりつけていた。野菜畑では、鶏が入らないようにススキやソテツの葉などで囲いを作って鶏の被害を防いだ。

次に、野菜や穀物に被害を及ぼさないように、軒先に一～二坪程度の小さな鶏舎を造り、五～一〇羽程度を舎飼いするようになった。地べたで飼うことから「平飼い」と呼ばれた。これは放し飼いから舎飼いへの移行であり、軒下養鶏や庭先養鶏と呼ばれた。

飼育様式にも変化が見られ、一九五二年頃からは木材と竹を材料にした一羽飼いの糞受けを備えたスノコ式の箱を作り、その箱を積み重ねるバタリー式に大きく変わった一九六〇年頃には材料を金属に換えたケージ式に変わり現在に至っている。

地べたで飼う平飼いの軒下養鶏や糞がへばりつくバタリー式の飼育箱では、コクシジゥム症、雛白痢などが多発し、これらの病気は養鶏の規模拡大を阻害する要因でもあったが、その点ケージ式は衛生的であるといえる。

鶏卵の生産では、昭和期に入って本格化した養鶏であったが、県内需要を満たしきれず他府県から多くの卵を移入していた。昭和一〇（一九三五）年以降は、戦時体制に入り移入卵は減り価格も高騰した。

戦後は、養鶏業を立て直すために、米軍は一九四七年軍用機二機で約二万羽の白色レグホーン種を内地から輸入した。その中には黄斑プリマスロック種とロードアイランドレット種も含まれていた。さらに鶏舎の資材も軍から提供された。

一九五五年頃から米軍に卵を納入するよう

【鶏の一生】
○採卵鶏
ふ化→幼雛（4 週齢まで）→中雛（4 ～ 10 週齢）→大雛（10 ～ 20 週齢）→ 150 日で卵を産み始める→その後 365 日間卵を生ませた後に淘汰する。
産卵率は 83%、卵重 63 g である。産卵率が 83%ということは毎日産卵しないということである。産卵周期が約 24 時間より長いため産む時間が毎日すこしずつずれていき 12 時以降は産まないで休み、翌日は早朝から産み始めることになる。そのため産卵率 100%にはならない。毎日産む鶏も少ないながらいる。

■ヘンデー産卵率＝（調査期間の総産卵個数／調査期間の延べ羽数）×100
■ヘンデーハウス産卵数＝（調査期間の総産卵個数／調査開始時の羽数）

鳥類は卵を産む時間帯が体内時計により決められ、鶏は午前中、ウズラはねぐらに帰った夕刻、アヒルなど水禽類は活動前の早朝となっている。

○ブロイラー
ふ化後 50 日齢前後の若鶏で、約 2kg で屠殺される。

○種鶏
産卵後、卵重と孵化率が安定するおおよそ 200 日齢～ 500 日齢までの 300 日間に種卵を取り、1 週間ごとに孵卵器に入れ人工的にふ化させる。ふ化までの日数は 21 日である。ふ化後に採卵鶏は雌雄鑑別が行われ出荷される。この時点で採卵鶏では不要の雄は淘汰される。

になり、その後年々納入量は増加し一九六八年までには年間二〇〇〇万個以上に達していた。しかしアメリカのドル防衛策により一九七〇年の七トンを最後に米軍への出荷は終了した。

他方、一九六〇年頃から内地からの卵が輸入されるようになり、沖縄産の卵は内地産の卵に押されていく。これらの事情から県内生産が低迷する事態となった。

一九六〇年には全沖縄養鶏連合会が結成され、鶏卵の競り市が始まるとともに、輸入卵には一個一個にマークを入れ、県産と区別したため、県内産は新鮮であるとのアピールを行った。その宣伝効果は著しく、短期間に輸入卵は減少した。

復帰後、養鶏業は荒波にさらされながら、畜産業のなかで最先端技術と経営能力を持ちながら走り続けている。

さらに一九七〇年代頃からは、近代育種理論を用いて改良された産卵能力に優れ、生存率の高い鶏を数万羽以上も飼育する大規模業者が現れるようになり、現在では七~八万羽を飼育する養鶏業者もいる。

それに伴い鶏舎の構造、給餌・給水、集卵、衛生管理および経営能力などあらゆる面で高い技術が求められるようになる。常にコストの低減に取り組む企業努力の結果、卵価は物価の優等生といわれ、この六〇年間大きな変動はない。

肉用鶏：ブロイラー

肉用鶏としては、卵用鶏の廃鶏やヌキ雄（去勢雄）が用いられていた。その様な状況下でプリマスロック種やニューハンプシャー種などの卵兼用種がブロイラーとして肉が美味しく、好んで飼育された。

鶏肉が米国より輸入されたのは一九五三年頃からで

●コラム　友引と鶏

人が亡くなり、友引の日に墓に埋葬する時は、鶏を墓に連れて行き、そこで放すことによって、友を道連れにするのを防ぐといわれている。鶏がいなければバッタを持って行く場合もあるという。

厄払いにも鶏が用いられていることが分かる、面白い例である。

ある。それに刺激され一九五五年頃から県内でも肉専用種によるブロイラーが飼育されるようになった。輸入自由化のなかで産声を上げたブロイラー産業は、安価なアメリカ産に押され危機的状況が続いた。それを打開するため「ブロイラー協会」が一九六五年設立され、関連業者が連携を密にし、経営の合理化やコスト低減に努め、輸入ものに対抗した。さらに行政にも働きかけたことにより、一九六七年から輸入が規制され、ブロイラー業は絶頂期を迎えた。しかし一九七二年の復帰により再び自由化され厳しい対応を迫られた。その後、紆余曲折を繰り返しながら現在は五六万羽が飼われており、横ばい状態である。

鶏卵には、卵の中の栄養分だけで、雛が誕生することから、生命維持に必要な最低限の栄養分が豊富に蓄えられている。しかも安価であることから大いに利用したいものである。

採卵鶏の飼養羽数は、人口に匹敵する数を維持しており、一人あたり年間一羽が産む卵（約三〇三個）を消費していることになる。

なお最近の鶏は、本来備え持っている卵を温め、雛を孵す能力、つまり「巣ごもる」能力を遺伝的に無くし、ひたすら卵を産むために改良されている。

飼料はといえば、養鶏業の発展とともに変化している。一九五〇年代は残飯や野菜残渣を利用した自家用エサによる庭先養鶏、サツマイモを炊きつぶしたものに魚粉や米ぬかを加え、練り込んだエサによる副業養鶏であった。また時節になるとバッタを捕ってエサにした。

他方、業者から購入したフスマ、米ぬか、大豆粕などを適量配合した自家配合エサによる小規模専業養鶏も現れ、規模も次第に拡大した。

しかし飼料の品質の不統一や、粗悪な飼料の流通が目立つようになり、鶏が能力を十分発揮出来ない事態になった。

そのため一九六〇年に「飼料の品質改善に関する立法」が公布され、飼料会社が配合した、品質の確かな配合飼料に全面的に替わることになった。

本県は飼料の自給率は極めて低く、養鶏と養豚飼料は全面的に海外からの輸入飼料に依存しているのが現状である。ひとたび飼料の輸入が止まれば、養鶏業と養豚業への打撃は大きく、鶏卵、鶏肉、豚肉は食べられなくなる可能性がある。

そのため資源のない沖縄では、酒粕、豆腐粕、廃棄食品など農業副産物を活用した飼料をさらに追求すべきであろう。

3. チャーンについて

これまでは沖縄の養鶏産業の発達についての概略を述べたが、在来の鶏、チャーンに目を転じてみたい。

チャーンは主として愛玩用で、小型で産卵数が少なく経済動物しては評価されてこなかった。また軍鶏のタウチーも一部の愛好家により娯楽として闘鶏が催され飼われている。しかし在来鶏の遺伝子源の保存とい

●コラム　チャーンとお年寄り

沖縄に暮らすあるお年寄りが、死期を目前にしていた。

お年寄りは「死ぬ前にチャーンの鳴き声を聞いてからあの世に行きたい」と家族に申し出た。

最後の願いをかなえてやりたいと、家族は寝室の近くにある庭でチャーンを飼い、鳴き声を聞かせた。そうするとお年寄りはみるみる元気を取り戻し、しばらくすると歩けるようになるまで回復したとのことである。

心から好きな音、音楽には元気を取り戻すパワー効果があり、お年寄りの生きがいづくりに家畜が役立った好例といえよう。

愛鶏とたわむれる老人（コラムの内容とは関係ありません）

う視点からは重要な意味を持つため、その特徴について述べる。

チャーンは中国語の唱鶏《チャンチー》に由来するといわれている。以前はウタイ（歌い）チャーンとも呼ばれていたが、近年チャーンに統一されるようになった。

写真 2･5･2. 五色チャーン：左雌、右雄

写真 2･5･3. 白色チャーン雄

体重は雌が一・四kg、雄が一・九kgの小型鶏で、肉髯がなく、羽色は五色、白色、黒色、白黒の碁石と多型に富んでいる。就巣性を有し、巣ごもって卵を抱き、雛を孵すのに優れている。

年間産卵数は五〇個程度で、卵重は四四gである。卵黄膜が強く、卵黄を箸で摘んでも崩れず、また卵白にはアポアルブミンの多型が見つかっている。血液タンパク多型からチャーンは他の日本鶏とは遺伝子構成がかなり異なることが報告されている。

鳴き声は「ケッ・ケー・ケッ」と聞こえ、「打ち出し・吹き上げ・閉め」に分けられる。「打ち出し」と「吹き上げ」は明確に長く、「閉め」は短く締めくくるのが、良い鳴きとされる。この鳴き声は、「タッタウエキン（だんだん富んでいく）」とも聞こえることから、縁起の良い鶏として飼われている。

チャーンの愛好家は鶏鳴大会を各地域で

それぞれ開催し、鳴き声のコンテストを行っている。愛好家には高齢者が多い。お年寄りがチャーンを飼育し、鳴き声を聞くことで癒され、健康な老後を楽しんでいると思われる。なお、チャーンは一九九一年一月には沖縄県指定の天然記念物となった。今後は愛玩用

写真 2·5·4. 白黒の碁石チャーン

写真 2·5·5. 黒色チャーン雌

写真 2·5·6. 鶏鳴大会の全景

のみでなく小型である特徴を生かし、肉専用種と交配し、丸焼き用に小型鶏のブロイラーが開発可能と思われる。

4. タウチー

他方、闘鶏の軍鶏（タウチー）は、一五世紀頃、東南アジアやタイから導入されたと考えられる。

それらは第二次世界大戦により絶滅した。その後内地から導入され、選抜・淘汰を繰り返したのが大型の琉球軍鶏である。

軍鶏は、闘鶏が娯楽のため愛好家により定期的に各地で開催されている。大型の鶏であることから成長が早く、肉質に優れていることから肉用鶏として活用する道がある。軍鶏は、発育は良い反面、卵の数が少なく、雛が多くとれない。そのため白色プリマスロック種やロードアイランドレッド種など卵肉兼用種の雌と交雑したF_1雑種がブロイラーとして期待されている。

写真 2･5･7. 琉球軍鶏（タウチー）

第三章　人々に愛された在来家畜

本章では、農業生産という点では人々の生活との関わりは比較的少ないものの、人々に愛されてきた在来家畜について取り上げる。

一、水牛

1．水牛を知る

起源と来歴

　水牛にはアジア水牛とアフリカ水牛がいて、家畜化されたのはアジア水牛である。インダス川から北西インドにかけた地域とインド東部からバングラディシュにかけての地域で、五〇〇〇年前頃にそれぞれ家畜化された。

　水牛は河川型（River buffalo）、沼沢型（Swamp buffalo）および地中海型（Mediterranean buffalo）の三タイプに分類される。乳・役兼用種の河川型はインダス川流域で家畜化され、西に移動する途中で地中海型に分化したと思われる。役専用の沼沢型はインドのガンジス川流域の湿地帯で家畜化され東南アジアや

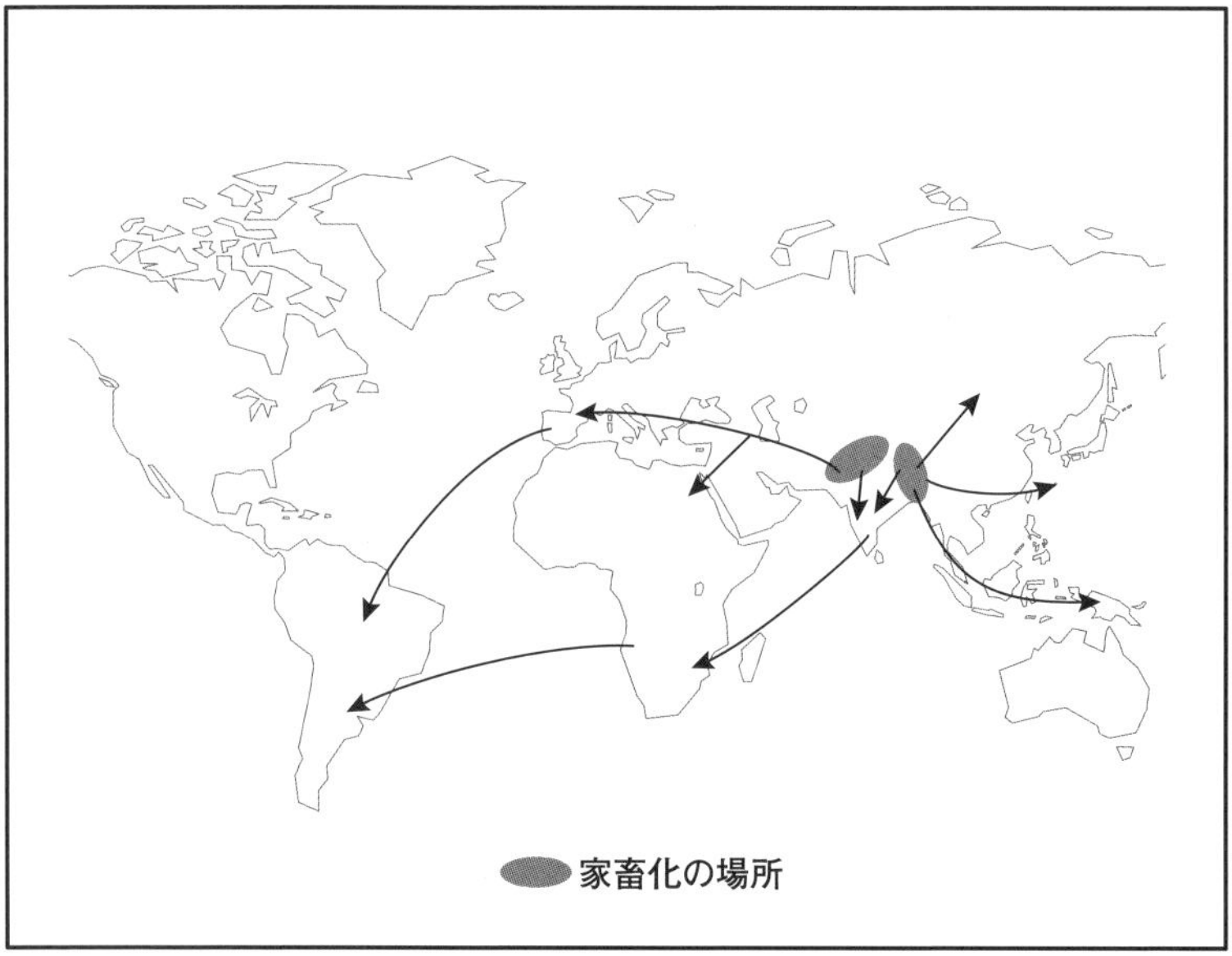

図 3･1･1．水牛の家畜化の場所と伝播の想像図

写真 3·1·1. 沖縄の水牛

北東アジアに分布を広げ、水田耕作になくてはならない家畜である。沖縄には台湾から一九三三年に伝えられた。

なお、『朝鮮王朝実録』に、「世祖八年（一四六三年）四月戊寅（十三月）是れより先、琉球国進むる所の水牛二頭」と、水牛に関する記載がある。また、一四八五年に「水牛は琉球より来りて我が国（朝鮮）に蕃育す」とあり、この頃には水牛が飼育されていたことが分かる。どのような経緯で絶滅したのか不明である。

水牛の分布域は他の家畜と異なり、地域限定型分布である。ユーラシア大陸では東北および東南アジアに沼沢型が飼われ、西アジアには河川型が多く、それに地中海型がいる。水牛は温帯では少なく、寒帯にはいない。アフリカではエジプトと中部一帯およびマダガスカルに河川型がいる。南アメリカでは赤道付近とウルグアイで河川型と地中海型が混在している。

水牛が世界の家畜にならず、熱帯地域の家畜にとどまっているのは、役用が主体の開発途上国地域で飼われ、晩熟で成長が遅く、繁殖がやや難しく、改良も容易でなく、湿地に浸かった状態に適応しているからと思われる。

乳肉の利用の観点からすれば能力の高い牛がすでに存在していることから、今さらあえて時間と労力をかけて育種する必然性がないということであろう。

ただし、開発途上国では重要な家畜であることには変わりないことで、粗悪な飼料資源でも飼育できることから持続的な改良は重要である。

東南アジアに分布している水牛は役用で沼沢型（2n＝48）である。インドに飼われているムラー水牛は乳役用の河川型（2n＝50）、および下写真にあるイタリアの乳用水牛は、地中海型である。

フィリピンでは役肉兼用で水田耕作および肉用で、肉はカラバオビーフ（carabao beef）と呼ばれ広く利用されている。

イタリアでは水牛の乳が広く利用され、水牛乳から

【水牛の一生】

誕生→晩熟で2歳で種付け→妊娠期間約311日→20歳まで繁殖可能→30歳まで使役できる長寿の家畜である。研究はあまりされていない。

発情が微弱で鳴くこともなく、人が気づかないうちに雄が逃げてきて交配する場合が多く、他の家畜と比較して繁殖は容易でない。

写真3·1·2. ナポリ郊外の乳用水牛の牧場

作られたモッツァレラチーズは純白なのが特徴である。本場イタリアピザはこの水牛のチーズを用いている。脂肪分が八％と高いことから、水牛乳のアイスクリームは格別に美味しい。

インドでは水牛乳が広く飲用され貴重な蛋白質源である。水牛は、泌乳能力が三〇〇〇kg前後後と低いため、FAO（世界農業機構）が中心になり、泌乳の能力向上を目指して改良に取り組んでいる。

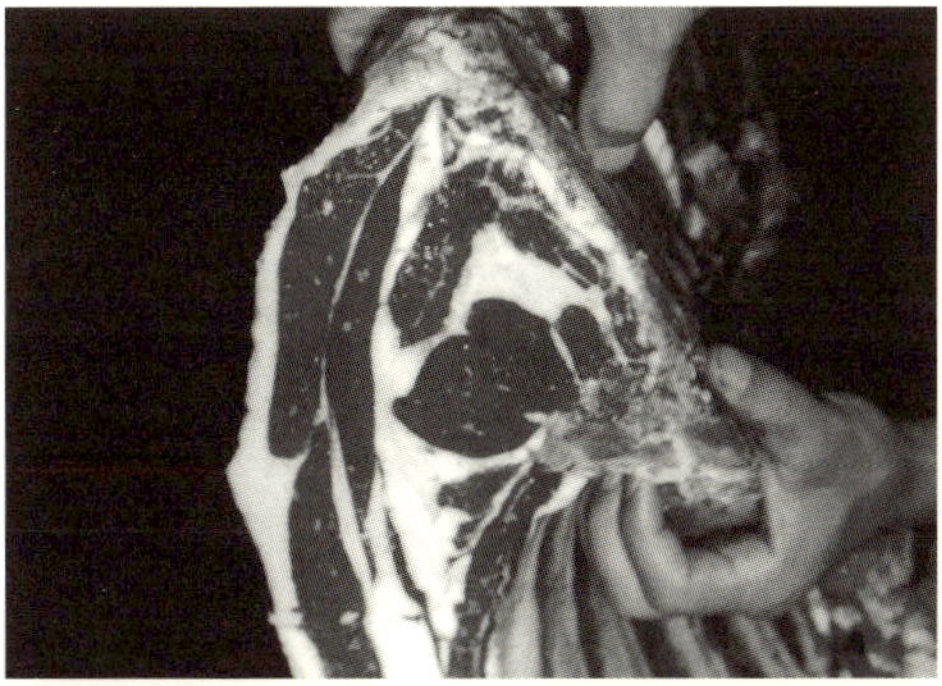

写真 3･1･3. 脂肪が白いのが水牛肉の特徴

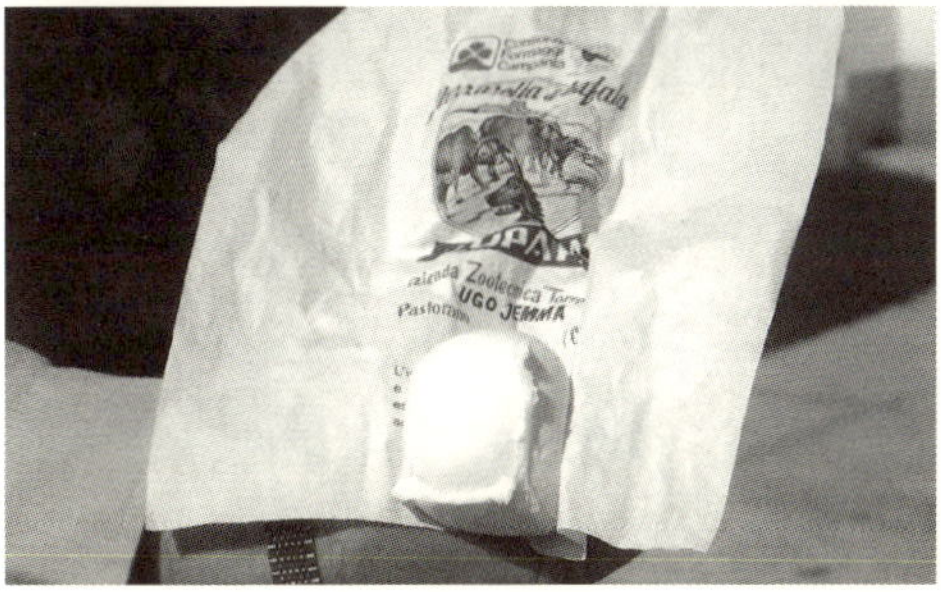

写真 3･1･4. 純白のモッツァレラチーズ

2. 沖縄における水牛の用途

水牛は、一九三三年台湾からの移民により石垣島に持ち込まれたもので、導入年度が唯一明らかな家畜である。その特徴は沼沢型水牛で、灰色、首に薄い灰白の横線があり、性質は温順であるが、管理を誤ると凶暴になることもある。

一九二九年頃、南大東島にも台湾から雌雄一頭ずつ導入されたが、それらは繁殖することなく途絶えた。その後沖縄島から導入され、サトウキビ栽培に使役された。

石垣島では、マラリア汚染地域として恐れられ、水田の開墾が不可能とされていた湿地帯に台湾からの移住民が水牛を連れて入り、水田を開墾し稲を実らせた。このことから、水牛は「新参者」ながら家畜として高

写真 3·1·5. 深田を耕す水牛

写真 3·1·6. 畑を耕す

写真 3·1·7. サトウキビの培土

く評価された。

水牛導入により水田の耕作面積は急激に拡大した。新たな畜力の導入や農具の発明が、農耕形態に変化を及ぼすことがあるが、水牛はその一つの例である。

役畜としての水牛は沖縄でも高く評価され、水田耕作だけでなく、サトウキビ栽培と荷物の運搬に使役された。一九七〇年の飼養頭数は一三七四頭とピークに達した。しかし役畜としての価値が低下するのに伴い、頭数は減少し二〇〇六年には八二頭となった。一つの畜種としての存在が問われ、絶滅の危機にある。

八重山では、水牛の現在の役割は、観光客を水牛車に乗せて牽くことにとどまる。客が水牛車に揺られながら、三味線の音色と響きを聞き、民謡を歌いながら島巡りをするというのが、竹富島観光の目玉となっている。

また由布島では渡瀬船の代わりに水牛車が活躍している。水牛が自ら角で牛車を引っかけて入り、観光客を乗せ海上を渡る情景は、由布島観光の風物詩になっている。このように今や八重山観光に水牛はなくてはならない存在である。

水牛は、熱帯に適応しているので、一見暑さに強いように見られがちだが、直射日光に曝されると二～三時間程度で熱射病となり倒れる。水牛は、カバなどと

写真 3･1･8. 水牛車を牽く

写真 3·1·9. 水牛自ら、角で水牛車を上げて入る

写真 3·1·10. 観光客を運ぶ水牛車（新城健）

同様に、泥沼に浸かった状態で熱帯の環境に適応しているからである。

飼料はイネ科の雑草を好み、田畑の畦や湿地帯で繋牧され、劣悪な環境下でも飼育でき、管理費がかからないことから「生きた農具」と称されている。

このように粗放的な環境下に適応している家畜であることから、湿地帯における繋牧条件でも成長と産肉能力に優れているのではないかとの仮定で著者は実験を行った。

その結果、成長は遅く、脂肪は純白に近い特徴を持つが（写真三・一・三）、肉繊維は粗く、肉質は優れているとは評価できなかった。

これからの課題としては、水牛乳の脂肪含量が八％と高いことから乳用水牛のムラー種を導入し、乳用水牛に改良し、飲料用水牛乳、アイスクリーム、チーズなどの製品を開発し、活用する道が残されている。

二、琉球犬

1．犬を知る

起源と来歴

今から二万年～一・五万年頃前、人は、野生の中国狼を捕獲し、飼い慣らし、生活に役立てるようになった。狼をさらに改良したのが家畜の犬で、発祥の場所は東アジアである。田名部雄一・尚子教授夫妻による「犬の家畜化の場所と伝播の想像図」によると、東アジアで家畜化された集団は他の狼集団とも交雑しながら勢力を拡大したことがわかる。なかには再野生化した集団もいた。それがオーストラリアンディンゴやニューギニアンシンギングドックなどである。

分布は北西へと進みヨーロッパに達した。南西へ進んだ集団はイラン・イラクを経てアフリカに達した。

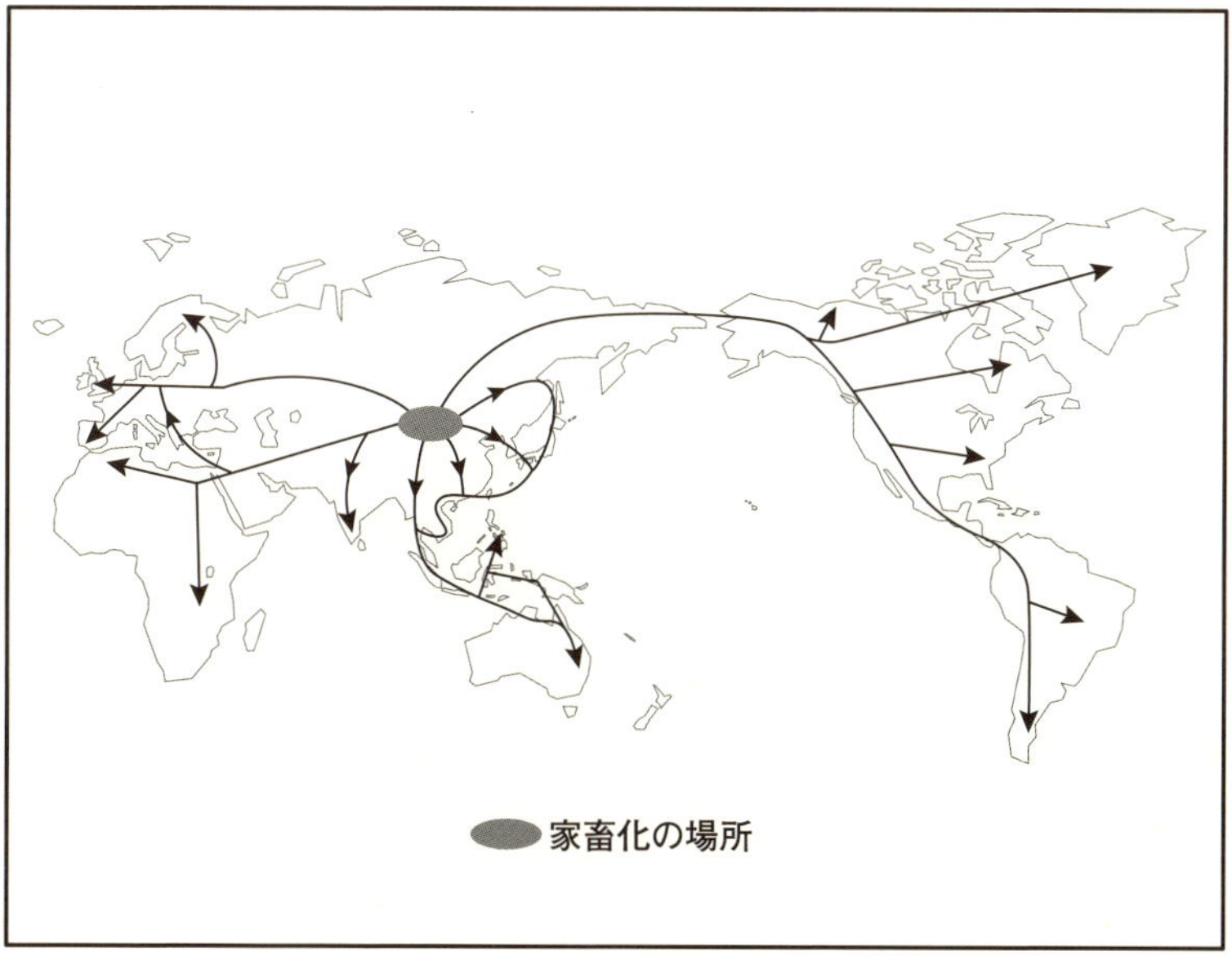

図 3･2･1．犬の家畜化の場所と伝播の想像図（田名部雄一・尚子）

北東に移動した集団はベーリング海峡を超え北アメリカに入り、さらに南アメリカへと分布を拡大した。

これらの古代犬集団の他に新大陸発見に伴いポルトガル・スペインから南アメリカへ、イギリス・フランスからは北アメリカへと改良された犬が持ち込まれることになる。

南に移動した集団はマレー半島を通過しオーストラリアに到達した。途中からラオス・タイに分かれた集団は大陸沿岸を北上し台湾に達し、琉球を経て九州に入ることになる。他方、起源地から朝鮮半島経由で九州にも入っている。さらに起源地から東北のアムール川に向かった集団の一部はサハリンを経由して北海道に達した。このように日本には琉球経由、朝鮮経由、サハリン経由の三つのルートから伝わった。

犬は超大型犬から超小型犬まで多種多様の品種が確立されている。その役割は、番犬、狩猟犬、牧羊犬、救助犬、麻薬探知犬、盲導犬などと幅広い用途に及んでいる。かつては役畜としての猟犬や番犬であり、肉用犬の役割もあった。一九五〇年頃までは県内でも広く犬肉は食されていたし、韓国では犬料理は食肉文化の一つになっている。しかし、犬を食べることに関しては、世界中の動物愛護団体が猛反対している。

【犬の一生】

妊娠期間は60日で誕生後2週目から粥や魚肉など軟らかいものを与え、5週目頃からは子犬用のドッグフードを与えはじめる。2ヶ月齢で離乳する。最近人工乳の開発により離乳が早まる傾向にあるが、繁殖目的以外は急がず母乳を飲ましながら2カ月で離乳するのが理想である。

6カ月齢過ぎる頃から発情が現れ8カ月齢までには多くが性成熟に達する。犬は春と秋に発情するといわれているが、繁殖季節はなく性周期は6カ月であることからあたかも季節性があるように思われている。

発情期間が10日前後で長く、出血も含めた発情期間は約3週間である。排卵は発情後48～60時間後に起こる。交配適期は出血をみてから11日から13日の3日間に2回交配することが一般的である。産子数は6～8匹である。寿命は、大型犬が10歳、小型犬が12～14歳といわれている。

犬の多くの品種が愛玩用でもあり、人間とともに暮らし、癒し癒される「伴侶犬」としての役割が大きい。世帯の核家族化、高齢化につれて愛玩犬や伴侶犬とともに暮らす人も増えている。

他方では、ペットに対する十分な知識と理解がないまま安易な気持ちで飼い始めたものの、途中で管理できなくなり、犬や猫を捨てる飼い主が後を絶たない。動物を飼育するにはそれなりの覚悟が必要である。

引っ張り合い

犬が交尾後すぐ離れないで引っ張り合うのはなぜか。人の陰茎には骨はなく血液が集中的に流入し、海綿体が硬くなり勃起する。犬のペニスには陰茎骨があるため十分勃起しないまま挿入し、膣の中でペニスの亀頭球がさらに膨張する。雌は亀頭球の刺激により陰部の括約筋が収縮するため、交尾後しばらくの間ペニスを抜き去ることが出来ないのである。そのため引っ張り合いとなる。

2. 琉球犬の特徴

琉球犬は、人とともに南方から渡ってきた最も古い家畜である。農耕が始まる以前、山野を駆け巡り野生の動植物を狩猟採取していた時代、犬は野生動物の捕獲を助け、さらには野獣から日夜、人を守る大切な家畜であった。

琉球犬の蛋白多型遺伝子型は台湾、フイリッピン、インドネシアなど東南アジアの在来犬と似ている部分が多く、また北海道犬（アイヌ犬）とも近いとされている（田名部雄一）。さらに人は犬を伴い移動することから、南から琉球人は渡来した考えている。このように固有の遺伝子と特徴を有しながらも、時代とともに琉球在来犬より洋種が愛されるようになり、琉球犬は衰退する道をたどっていた。

だが近年、愛好家により琉球犬の遺伝子を保存し、琉球犬がどのような特徴と良さを持っているのかを再

【琉球犬審査標準】

1. ストップは浅いものを良しとする。
2. 耳は鈍三角形にて逆八の字型にピンと立つ。
耳間幅はやや広く、耳の過大、過小、立たないものは減点とする。
3. 目は明瞭にて、虹彩濃茶褐色、目尻はつり上がらない。赤犬は明瞭にて、虹彩金色、但し、マスクは茶褐色。
4. 鼻梁は真直ぐ、口吻やや長く引き締まり、歯牙は噛み合わせ正しく、アンダーショット、オーバーショット、歯牙欠落、乱歯は減点とする。虎毛及びマスクの鼻色は黒、赤犬の鼻色は赤とする。
5. 頭頚は適度に額広く、頬部、頚部は良く引き締まっている。
6. 四肢において前肢は真直に趾緊握す。 後肢は力強く踏張り趾緊握す。
7. 胸は前駆よく発達し胸幅広く、胸深い。
8. 背線真直にて、腰幅広く、力強い。
9. 毛色は、黒トラ、赤トラ、白トラ、赤犬（マスクも含む）の四色に区別され、虎模様は美しく，明瞭なるものを良しとする。胸の白斑スポットのないもの、或いは過大なもの、四肢端白斑の過大なものは減点とする。
10. 被毛は短毛～中間毛を良しとする。長毛は減点とする。
11. 尾は刀身の形状にて差尾を良しとする。長さ太さ形状に着目する。
12. 気質・品位は素朴感あり、人なつっこいが、他の動物に対する感覚は鋭敏である。臆病なもの、凶暴性を帯びるものは減点とする。
13. 一般外貌は雌雄の表示判然として体躯均整を得る。栄養管理不当なものは減点とする。隠睾も減点とする。

○吻《ふん》：眼の前縁から口までを表し、口の切り込みの長さ。

○ストップ：額から鼻の間のくぼみで、額から鼻までの口先の上面線の部分「鼻筋」のこと。鼻梁《びりょう》または額段《がくだん》ともいう。

○毛色：白毛、黒毛、茶毛、褐毛が基本で、これら複数の毛色が混ざった被毛である。

○尾の形：巻尾は巻いた尾。差尾は、巻かずに尾先が頭の方に向って湾曲になった尾。その他に旗尾《はたお》、鉤尾《かぎお》、鎌尾《かまお》、直立尾《ちょくりつび》、房尾《ふさお》などがある。

写真 3·2·1. 最も多い褐虎の琉球犬（村山望）

評価し、保存・活用の道を構築する試みがなされるようになった。そのため、これまで散在していた琉球犬が集められた。さらに琉球犬の血統を確かなものにするため、一九九〇年に琉球犬保存会が設立された。保存会は、前ページに掲載したような審査標準を作り、それに基づき体型や外貌を審査し、登録を行った。琉球犬は、現在約五〇〇頭が維持されている。

表 3·2·1. 日本犬の種類と天然記念物指定年

型	犬種	国の天然記念物指定
大型	秋田犬	昭和 6（1931）年
中型	甲斐犬	昭和 9（1934）年
中型	紀州犬	昭和 9（1934）年
小型	柴犬	昭和 11（1936）年
中型	北海道犬	昭和 12（1937）年
中型	琉球犬	平成 7（1995）年＊

＊沖縄県指定

琉球犬は、猟犬で、猪狩りに長い間使役され、沖縄島北部（ヤンバル）や西表島で現在も活躍している。しかし、その多くは、愛玩用か番犬である。

体型は、体高が四三～五〇cm、体長が四七～五五cmで山原系よりも八重山系が一回り大きい。

毛色は虎毛（トラー）がほとんどで、虎毛は褐虎、

写真 3･2･2. 黒虎の琉球犬

写真 3･2･3. 褐毛の琉球犬（アカイン）

写真 3･2･4. 白毛の琉球犬

黒虎および白虎に分かれ、褐虎が多い。一枚色の褐毛と白毛の個体も見られる。ストップは浅く、耳は立ち、尾は差尾、吻は中間がそれぞれ多く、いずれの形質も多型を示している。このことは意識的に単一形質について選抜してこなかった結果である。

血球ヘモグロビンB型とガングリオシドモノオキシゲナーゼa型がほとんどで、これらのタイプは東南アジアの犬に見られることから、南方から渡ってきたことが、遺伝学的に推測される。

大東島には大東犬（写真三・二・五）と称する小型の犬が飼われている。大東犬は八丈島からの開拓団により持ち込まれた。ダックスフンドの遺伝子を一部受け継いでおり、これにより短足になったと思われる。

犬による猪狩りは、猟銃仲間が五〜一〇人集まり集団で猟をするのが一般的である。犬を五〜六頭引き連れ猟場に放し、各ハンターは犬が追い込んできそうな場所でそれぞれ待機する。犬は吠えながら猪を追い込

表 3·2·2　琉球犬 64 頭の形態的特徴

形質	割合（%）
毛色	赤虎 63%、黒虎 23%、白虎 6%、赤毛 8%
ストップ	浅い 48%、中間 37%、深い 13%、なし 2%
耳	立ち 95%、半垂れ 5%
尾	差尾 64%、半巻尾 31%、巻尾 5%
狼爪	なし 86%、あり 14%
吻	中間 56%、短い 17%、長い 27%
毛長	短毛 75%、中間 19%、長毛 6%
舌斑	なし 91%、あり 9%

表 3·2·3. 琉球犬の体型測定値

山原系

性	頭数	体高	体長	胸囲	胸深	腰角幅	尾長	頭長	体重
雌	19	43 ± 3	47 ± 3	52 ± 4	18 ± 1	13 ± 2	24 ± 3	17 ± 2	13 ± 2
雄	13	46 ± 3	50 ± 3	55 ± 4	20 ± 2	13 ± 2	26 ± 3	18 ± 2	15 ± 3

八重山系

性	頭数	体高	体長	胸囲	胸深	腰角幅	尾長	頭長	体重
雌	6	47 ± 3	51 ± 3	58 ± 5	21 ± 2	15 ± 1	27 ± 4	17 ± 2	−
雄	9	50 ± 3	55 ± 3	61 ± 3	22 ± 2	15 ± 4	33 ± 3	20 ± 3	−

み、それを迎え撃つのがハンターである。嗅覚に優れ、敏捷性のある犬が猟に適する。猪が小さい場合は追い込んだ犬の中でリーダー格のボス犬が喉にかみつき、とどめを刺す場合もある。

猪の成獣は凶暴であるため、犬が噛みつくと逆に犬が大怪我をする場合があり、犬は命がけである。また人（ハンター）がモリなどでとどめを刺す時も命がけである。そのため最後のとどめはやはり、猟銃を使用するのが安全である。

琉球犬は日本犬に属するものであるが、次ページに、日本犬の特徴について、「日本犬保存会」のホームページから転載した。

写真 3·2·5. 大東犬

●コラム　犬が化けた山羊

戦後食料難の時代、山羊汁は高値であったが、野犬はもちろん「ただもの」である。そこで悪徳業者は犬に目を付けた。

犬肉に山羊の脂肪を入れ一緒に炊けば、山羊の臭いが犬肉に染み込み、区別がつかなくなる。つまりは犬肉が山羊肉に化けたということである。

特に飲み屋では、客の酔いが深まった頃を見計らって「犬が化けた山羊汁」が振る舞われたそうだ。そのため沖縄では、黒色の犬肉が交ざっているとの疑念を抱かせるためか、黒色の山羊は嫌われる。

しかし韓国では黒色の在来種の山羊肉が好まれ、台湾でも有色山羊が肉用には好まれる。

表 3･2･4. 日本犬標準の解説　(http://www.nihonken—hozonkai.or.jp/ より引用)

1. 本質とその表現	日本犬は悍威、良性、素朴の本質をとても大切にしています。悍威とは、気迫と威厳、良性とは、忠実で従順。素朴とは、飾り気のない地味な気品と風格をいい日本犬が生まれながらにして持つ根本的な性質を言い表しています。加えてその表現は、小型犬と中型犬は感覚は鋭敏、動作は敏捷、歩様は軽快で、弾力があります。大型犬のその表現は、重厚なふるまい、である。と、それぞれに定義しています 。
2. 一般外貌	全体的な外観のありさまで、雄は雄らしく、雌は雌らしいという、雄と雌の性の特徴を性微感といって、とても大切にしています。体躯はバランスよくまとまり、骨格は緊密。筋腱は発達して体高と体長の比は、100対110という、やや長方形の体型です。雌は雄に比べてやや胴長の感がします。 ★各型、各犬種の体高と計り方 体高は、前肢の足元から、肩甲骨上端のやや後方を被毛を圧して測定します。 1. 小型の部、柴犬の体高 雄の標準体高は、39.5cm、雌は36.5cmです。 平均的に、雄は38cmから41cm。雌は35cmから38cmの間です。 2. 中型の部、紀州犬、四国犬、北海道犬、甲斐犬の体高 雄の標準体高は52cm、雌は49cmです。 平均的に、雄は49cmから55cm、雌は46cmから52cmの間です。 中型の中で、甲斐犬の体高は実際にはこのサイズよりやや低くなっています。 3. 大型の部、秋田犬の体高 雄の標準体高は67cm、雌は61cmです。 平均的に、雄は64cmから70cm、雌は58cmから64cmの間です。
3. 耳	頭部に調和した大きさで、内耳線は直。外耳線はやや丸みをおびた不等辺の三角形で、やや前傾してピンと立ちます。
4. 目	やや三角形で、目尻が少しつり上がった力のある奥目で、虹彩が黒色であったり、反対に淡い色あいのものは好ましくありません。濃茶褐色が理想です。
5. 口吻	豊かな頬から締まりのよい吻出しで、鼻すじは直線。口元は丸みを帯びて、ほどよい太さと厚みを持ち適度なストップがあります。口唇はゆるみがなく、一直線で引き締まります。鼻の頭は、有色犬は黒色。白色犬は、黒っぽい褐色になります。歯牙は、歯数42本でよく発達して、上下のかみ合わせも正常であることが求められています。歯数の足りないものや、舌に斑のあるものは好ましくありません。
6. 頭と頸	額は広く、頬の部分はよく発達し、頸は適度な太さと長さを備えて、しなやかな力強い筋肉を有しています。
7. 前肢	前肢は、肘を胴体に引き付け、体幅と同じ幅で地面に接します。前繋は適度な角度を備えて、指部は緊まりよく握ります。
8. 後肢	大腿部はよく発達し、飛節は適度な角度でねばりのある強さを備え、腰幅と同じ幅で接地します。趾は締まりよく握ります。紀州犬によくみられる後肢の距（狼爪）は生後2ー3日の間に除去します。
9. 胸	前胸はよく発達し､あばら骨は､適度に張って楕円形（卵型）を示します。胸深は、体高のほぼ半分位ですが、浅くても45%以上は必要です。
10. 背と腰	背は背部から、腰部尾の付け根までが直線です。腰部は頑丈で、歩様の時に腰の上下や横ぶれ運動をするものは好ましくありません。
11. 尾	適度な太さで力強く、巻尾か差尾になり、長さはその先端がほぼ飛節に達します。巻尾は、字句のとおり巻いています。差尾は、巻かずに前方に傾斜したもので、紀州犬によく見られます。秋田犬は巻尾であることが必須となっています。
12. 被毛	表毛は硬く、直状で冴えた色調を持ち、下毛は綿毛といわれて淡い色調で軟らかく密生した二重被毛となっています。尾の毛はやや長く開立しています。日本犬の毛色には、胡麻、赤、黒、虎、白の五毛色があります。柴犬の理想的な毛色は、赤、胡麻、黒ですが、赤が多く80%強を占めています。紀州犬は、白が圧倒的に多く、胡麻や赤等の有色犬がわずかにいます。 四国犬は、胡麻が多く、次に赤、わずかに黒がいます。

三、猫

1. 猫を知る

起源と来歴

エジプトで三〇〇〇年前頃にリビアヤマネコを家畜化したのが家猫である。エジプトでは王侯貴族並みに銀の装飾を施し葬り、ミイラにし神格化した。穀物をネズミの被害から守るために飼われ、持ち出しを禁止した。しかしフェニキヤ商人により密かに持ち出され、船の食料をネズミから守るとともに商品として寄港地で取引され、そこから内陸へと広がって行った。日本には朝鮮経由で奈良時代以降入ったと思われる。

猫が活躍する以前はイタチやテンがネズミを捕獲していた。犬も捕獲できるが、猫は、特別の訓練をしなくてもネズミを捕獲し、自らの食料としていること、

図 3·3·1. 猫の家畜化の場所と伝播の想像図

単独行動をとることなどから、人との関係は比較的希薄である。「犬は三日飼えば一生忘れないが、猫は一生飼っても三日しか飼い主を覚えていない」といわれるくらい飼い主に対しては冷淡である。

猫の肉はベルギーでは薬用として食され、バリ島でも食されており、また中国料理にはメニューとして載っているなど、ごく限られた国ではあるが利用されている。しかし、猫は小型で成長が遅く、肉量が少ないことから、肉用としては積極的に利用されてこなかった。

さらに猫は、本来人為的に繁殖を制御することが難しいことから、他の家畜のように容易に改良することが出来ない。家畜化される野生動物は、人に慣れ、人の管理下で繁殖する要素、つまり家畜化される要素を備えていたといわれている。「家畜化される要素を持ち合わせていない野生動物は、家畜化されていない」といえる。

余談になるが、象も人為的に交配することが出来ないことから、繁殖期には森に放し、子を産んだ頃に再び連れ戻している。つまり象は野生種を捕獲し、飼い慣らし、調教し、使役しているに過ぎないのである。

沖縄においては、猫は久米三十六姓以前の南方貿易によるのか、九州からもたらされたのか不明であるが、南方からの伝来が有力である。

猫は古代エジプトで三〇〇〇年前に家畜化され、穀物をネズミの被害から防ぐために飼いならした。人と身近に暮らしていながら繁殖が人の管理下に置かれていない、つまり人が管理している状態で意のままに、

【猫の一生】

誕生後1ヶ月齢で離乳し、6〜10ヶ月齢で性成熟に達する。繁殖期は冬以外の春〜秋で、性周期は2〜3週間である。屋内で飼う猫は、冬でも発情し季節に関係なく周年繁殖可能である。

猫は他の動物と異なり、交尾刺激後24〜30時間後に排卵される（他には、兎が交尾排卵である）。

猫の産子数は5〜6匹、寿命は10〜16齢である。

写真 3·3·1. 尾曲がり猫

望みの個体同士を繁殖できないもどかしさがある。その点では他の家畜と異なり完全に家畜とはいえない野生の性質を残している。

なおイリオモテヤマネコやツシマヤマネコは家猫とは遠い関係にあり、野生の肉食獣である。

2. 沖縄の猫の特徴

沖縄の猫の特徴として、以下のようなものが挙げられる。

○尾曲がりが少ない

尾曲がりとは、尾椎骨の癒合によって生じる尾曲がりまたは短尾で、遺伝的な骨格の奇形である。

沖縄の猫の特徴は尾曲がりが極端に少ないことである。出現割合は、鹿児島では約四〇%であるのに比較し、沖縄では約一〇%である。

福井県若狭湾東岸から滋賀県、京都府、奈良県にいたる地域も尾曲がりの出現頻度は低いため、「京には尾の長い唐猫、浪華には尾の短い和猫」の言い伝えがある。

このことから、

1、中国から輸入された当時の遺伝子を色濃く保っている

2、米軍とその家族により持ち込まれた洋猫の影響

3、県民が尾曲がりを嫌って人為淘汰が働いた

などの要因が考えられる。

沖縄では猫が死ぬと首に縄をかけ松の木にぶら下げ葬る習慣がある。埋めると化け猫として現れ、飼い主をじゃまするといわれている。

毛色は、虎毛の野生色、白、茶色、黒などを基本色に一〇個（ww O— A— B— C— T— ii D— S— L—）の異なる座位にある遺伝子の組み合わせにより一六の毛色が発現する。さらに詳しくは二一の毛色になる。

なおO遺伝子のみがX性染色体上にあるため、雌では二個の遺伝子を持つのに対し雄では一個の遺伝子を

写真 3·3·2. 典型的な野生型毛色

写真 3·3·3. 三毛猫

持ち、次に述べる三毛と関係する。

三毛猫は、雌で毛色は白・黒・茶が多い。白・茶色・こげ茶のものを「キジ三毛」、縞模様との混合のものを「縞三毛」と特に分けて呼ぶこともある。

三毛猫は、福を招くとされる「招き猫」の代表的な色合いでもある。

三毛猫の遺伝は、黒や白を司る遺伝子は常染色体上にあるが、茶を決定する遺伝子はX性染色体上にあるO遺伝子がOoのヘテロ接合体になった場合に茶が発現し三毛になる。

ひじょうにまれに三毛の雄がいて、話題になることがある。この場合は性染色体異常のXXY型である。性染色体は、哺乳類では雌はXX型、雄はXY型である。特別に雄の三毛は福を招くといわれ、高値で取引される。

●コラム　老人ホームと家畜

現在のお年寄りは戦前・戦後の不便な時代に家畜とともに苦労し、子供を育てきた。家畜を世話し、家畜とともに生きることは身にしみ生活の一部となっている。家畜を飼育しながら体を動かすことは、体力を維持向上していく上で基本的なことである。

健康長寿を目指し、寝たきりの老人を減らす意味からも、家畜が好きな人には家畜を飼う環境を作ってあげることが大切である。

日本で最も在来家畜が多い沖縄で、生物資源を生かして、老人ホームの一角に動物と触れ合う施設や農園があってもよいのではないだろうかと考える。

四、かんのんアヒル（広東家鴨）＝バリケン

1．アヒルを知る

起源と来歴

バリケンは、中南米が原産で野生種は現在も棲息している。アヒルの野生種はマガモで北半球に広く分布している。バリケンは英名がMuscovy duck，学名が*Cairina moschata.* 属名がバリケンは*Cairina*，アヒルが*Anas*であることから属が異なる。アヒル属には五〇近い種が含まれ品種も多いが、バリケンは一属一種で品種も一つである。染色体数はバリケンが２ｎ＝８０、アヒルが２ｎ＝７８で異なるが雑種の生産は可能である。しかし雑種（F_1）は不妊である。

スペインが一六世紀初頭、南米に侵攻していた際、インディオはすでにバリケンを飼育していたことから、少なくとも一〇〇〇年前頃から家畜化したと思われる。さらにインディオはラマ、アルパカ、モルモットおよび犬も家畜化していた。スペイン人が南米から持ち帰ったバリケンはヨーロッパ、アフリカ、アジアへと分布を広げた。琉球には中国から伝えられ、日本に渡って行ったと考えられている。

ヘルシーなバリケン肉

バリケン肉は脂肪分が少なくヘルシーである。フランスでは成長が早く、産卵に優れ、孵化率のよい肉用品種が作出され、フランス料理に広く用いられている。フォアグラの四〇％がバリケンの肥大肝臓から作られている。台湾では卵用種として産卵能力に優れ、小型の在来のアヒル、菜鴨（tsaiya）雌にバリケン雄を交配した雑種により肉生産が盛んである。

バリケンは、中国を経由し、一五世紀後期頃、沖縄に導入され、一般に「かんのんアヒル」（広東家鴨）と呼ばれている。沖縄では呼吸系の病気の予防や治療

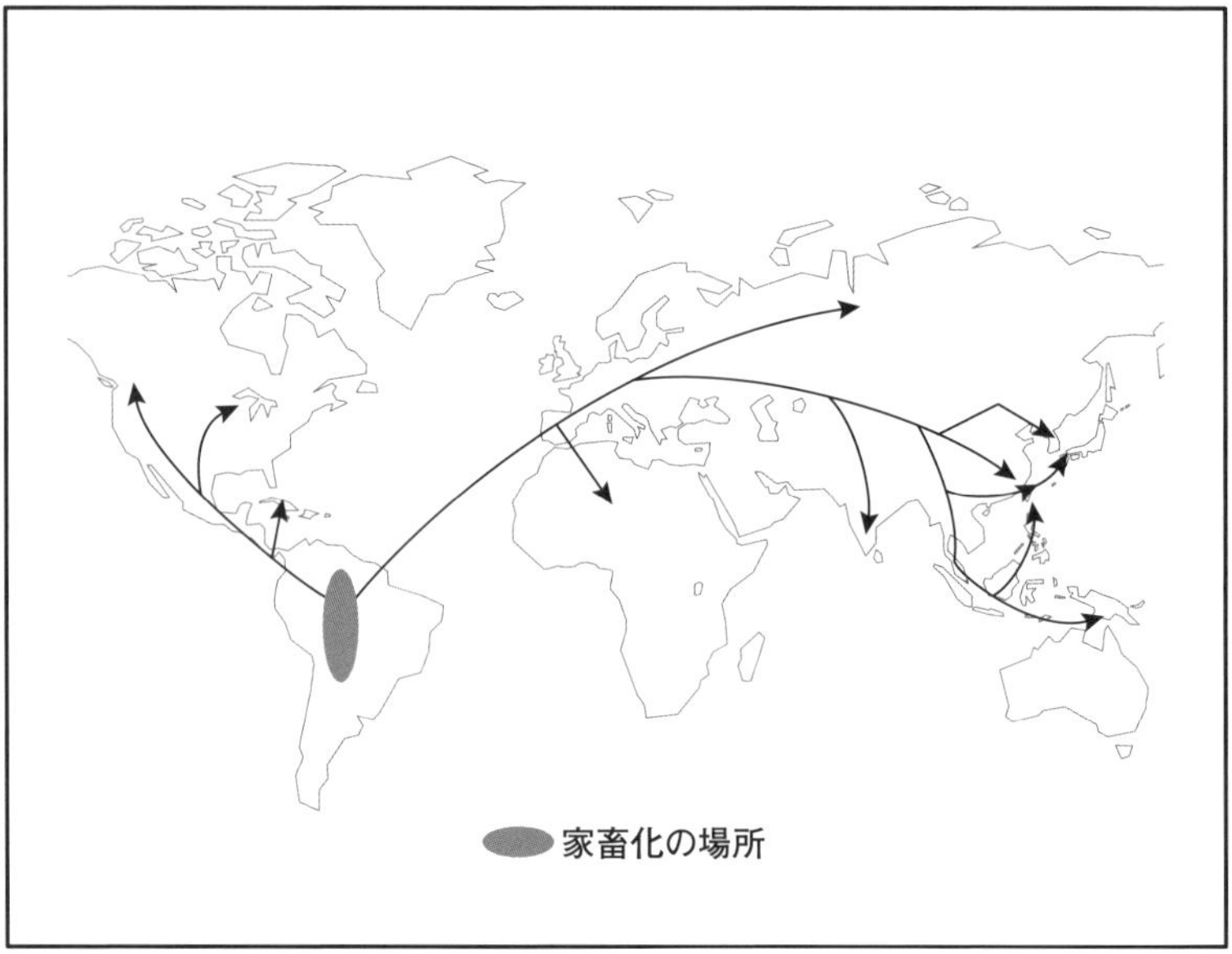

図 3-4-1．バリケンの家畜化の場所と伝播の想像図

に薬膳料理として古くから愛用されている。

他方、アヒルのカーキー・キャンベル種は、卵を年間二〇〇個産むことから、採卵用として導入された。戦前は内地から、戦後は奄美大島からの導入である。一九五〇年代、一時普及していたが定着しなかった。アヒル（家鴨）は水飲み場を必要とし、卵は地べたに産むことから卵が汚れる。このようなことから消費者には、家鴨卵より鶏卵が好まれるという事情も背景にあった。

他にも、一九五七年、肉用としてペキン種が内地から導入されたが定着してない。肉用家鴨については一部の農家が飼育し、内地に出荷することが断続的に行われているが、大きな産業には発展していない。

食文化が中国の影響を強く受けているにも関わらず、飼育に池を必要とするバリケンやアヒルなどの水禽類は普及しなかった。人々がマラリアを恐れ、湿地帯に近づかなかったことから、水禽類は普及しなかったと思われる。なお、マラリアは一七三七年に八重山

写真 3-4-1. 白色バリケン雄、奥は雌

写真 3-4-2. 黒色バリケン雄

写真 3-4-3. 白黒色バリケン雌

で大流行したことから、一七三〇年前後にこの病気が持ち込まれたと考えられる。

2. かんのんアヒルの特徴

かんのんアヒルはアヒルとは異なり、孵卵期間もアヒルが四週間の二八日に比べバリケンは三五日と長い。羽色は白色が多く、黒色、両者の交配である白黒の三つのタイプに分けられる。

雄は顔の全面に鮮紅色の肉阜（肉の突起）が発達し、上嘴付け根の上に肉阜の突起がある。雌は顔面に占める肉阜の割合が小さいのが特徴である。成熟体重は雄が六～七kg、枝肉重二・五～二・七kg、雌が三～三・五kg、枝肉重は一・五～一・七kg、販売価格は雄が五〇〇〇円、雌が三五〇〇円である。多くの農家は一年以上飼育するが、肉が堅くならないうちに一年で更新する農家もいる。

産卵数は一二～一五個で、産んだ後に巣ごもる。巣ごもるとは、雛をかえすため卵を抱き温め、巣に籠もることである。その間、一日一～二回エサを食べに巣を離れ、食べ終えると直ぐ巣に戻り卵を温める。巣から出る時は羽で卵を覆い隠す､この行動は鶏と異なる。

かんのんアヒルは母性本能が強く、巣ごもっている間は外敵の肉食獣が来ても逃げることなく、威嚇し立ち向かう。そのため命を落とすこともある。また、巣が大きければ同じ巣に二個体が入り、頭の向きを逆方向にした状態で卵を温める。

産卵する個体は二月から現れ、三月～四月がピークで、五月からは減少する。秋にも産卵する個体もいる。卵重は平均七二gである。

3. 役用としての活用を

安土桃山時代、豊臣秀吉が鴨の水田放飼を奨励したのが始まりといわれる合鴨農法は、戦後も県外で行われていたが、農耕の機械化に伴い衰退した。しかし一九九〇年頃から良さが見直されるようになり、県外では復活して盛んになってくるとともに、その技術が世界に広がっている。

合鴨農法とは、稲を植え付けた後の水田に合鴨を放すものである。合鴨は虫や雑草の種や茎を食べる。また、水をかきながら泳ぎ回るため、水は濁って太陽光を遮断し、雑草の発育を阻害し除草する。さらに稲の根をつつき刺激を与え、酸素を供給し丈夫な稲に育つ。また、彼らの糞は有機質肥料となる。いいことづくめである。

役畜として合鴨の能力を遺憾なく引き出し、化学肥料や農薬に頼らない完全有機栽培が行われ、さらに役目を終えた合鴨は肉用となり、美味しい鴨肉が食卓に上るのである。この技術にバリケンが活用できる。サトウキビ畑、果樹園、茶畑などの除草と害虫駆除にバリケンを用いれば、糞は畑に還元され、さらに肉も利用できるのである。この「かんのんアヒル農法」「観音農法」の確立を望みたい。

●コラム　薬膳料理法（クスイムン）

かんのんアヒルは古くから呼吸器系疾患の回復促進料理として広く愛用されてきている。その料理法の概略を示すと下記のようになる。

○濃縮煎じ汁……鍋に長命草（和名：ボタンボウフウ）の葉柄を敷き、その上にアヒルの肉、さらに長命草（サクナ）の葉を重ね、島ゴボウを乗せる。ニンニクを入れる場合もある。全体が浸るまで酒を入れ、蓋をしないで沸騰させ、その後は弱火で酒の臭いが無くなるまで炊き込む。煎じ汁はお椀の八分目程度の量となる。食後に1日3回大さじ一杯程度を飲む。

○汁炊き……サクナの葉柄、アヒルの肉、サクナの葉、島ゴボウなどを鍋に入れ、食材が浸るまで酒を入れる。沸騰し、汁がなくなる頃に水を加え沸騰させる。アクを取り除き、蓋を閉め、弱火で肉が軟らかくなるまで約2－3時間炊く。

他方、烏骨鶏は顔面神経痛によいといわれ、シイタケ、長命草、ニンジン、トウガンなどと一緒に2－3時間じっくり炊きあげて食す。解体すると1.2kgほどになり、3500円程度で販売されている。

写真 3·4·4. 烏骨鶏

五、ミツバチ

1．ミツバチを知る

特殊な社会構造

我が国にはセイヨウ（西洋）ミツバチとトウヨウ（東洋）ミツバチが主に飼われている。ニホンミツバチはトウヨウミツバチに属する亜種である。

人は、古代人の頃から山野を駆け巡り狩猟採取の一環として蜂蜜を利用してきた。野生の状態で採蜜出来るため、太古の昔から野生の蜜を利用してきたと思われ、飼い始めたのは二～三世紀頃と考えられている。

ミツバチは特殊な社会構造を持つ生態を営み、一匹の女王蜂を中心に数万の働き蜂（雌）と、数百の雄蜂で群を形成している。雄蜂は、女王蜂が産んだ有精卵の2倍体（2n＝16＝14＋XX）であるのに対し、雄蜂は受精によらない無精卵（処女生殖）から生まれる。そのため雄蜂は半数体（n＝8＝7＋Y）である。性染色体は哺乳動物と同じXY型である。

働き蜂は女王蜂と同じく雌で、生殖能力がなく、集団の維持に必要な一切の仕事をこなし、花蜜、花粉、プロポリスの原料集め、巣作りなどをする。

女王蜂は、採集行動はまったくせず、巣の中での産卵が主な仕事である。また女王は特殊な物質を分泌し

写真 3·5·1. 対馬の農家の軒先に置かれたニホンミツバチの巣箱

写真 3･5･2. 巣箱の中の巣碑に群がるミツバチ

写真 3･5･3. 女王蜂

て、働き蜂の卵巣の発達を抑え集団の求心力を維持する。

雄蜂は繁殖期以外にはあまり現れず，未交尾の女王蜂（処女王）との交尾だけを行い、巣の中の仕事はいっさいしない。餌は働き蜂からもらえるが、繁殖期を過ぎると働き蜂によって追い出されることがよくある。

雄は、女王との交尾の時期になると特定の空間に多数飛翔し、そこに女王が空高く舞い上がり、後ろからついてきた複数の雄と交尾するといわれている。女王蜂は受け取った精子を貯精嚢と呼ばれる袋に貯めておき、これを一生涯、小出しにして受精に使う。卵を受精させれば雌に、受精させなければ雄になる。一日一〇〇〇個の卵を産む際に、ひとつひとつ受精するかどうかを決め受精の作業をする。輸卵管を卵が通過する際、貯精嚢からの精子を二〇～三〇個を上限に振りかけるといわれている。こうすると女王蜂に産み分けの決定権があるように見えるが、実際には、女王蜂の産み分けの判断は、これから卵を産もうとする巣房（六

表 3･5･1. 蜜蜂の変態、蜂数および寿命

	女 王	働き蜂	雄蜂
卵期	3 日	3 日	3 日
幼虫期	6 日	6 日	6 日
蛹期	7 日	12 日	15 日
計	16 日	21 日	24 日
一群当たり	1匹	30,000 ～ 60,000 匹	100 ～ 2,500 匹
寿 命	約 3 年	約 30 日	約 3 ヶ月

角形の）が働き蜂用か雄蜂用かで決まる。雄蜂の巣房の方が大きいため、女王蜂が足を使って口径を測り、受精するかどうか決めるのである。

そこに産むかどうかは確かに女王蜂が決めることではあるが、巣を作り、産卵用に掃除を済ませておくのは働き蜂の方なので、女王蜂と働き蜂の共同作業により雌雄の産み分けが決定されるといえる。

受精卵の雌には、女王蜂になるか働き蜂になるかの違いはなく、産み付けられた場所が「王台」であれば女王蜂になるし、小さい方の六角形の巣房に産み付けられれば働き

写真 3･5･4. 巣箱内部の巣碑

写真 3･5･5. ミツバチの巣箱

写真 3･5･6. 巣箱が並ぶ様子

写真 3･5･7. 台風対策として
ロープで縛られた巣箱

蜂がう化する。う化した幼虫を、う化後二日程度までに王台に移し、人工的にローヤルゼリーを与えて飼うと女王蜂になる。

ミツバチのライフサイクルは表三・五・一に示すように女王は一六日で羽化し、寿命は三年である。働き蜂は二一日で羽化し、三〇日間働き続け死を迎える。

プロポリス

プロポリスとは、ミツバチをウイルスや細菌から守るためにミツバチ自らが作り出す抗ウイルス・抗菌物質である。プロポリスの原料は、樹液が主体である。沖縄では主としてインドゴムノキの樹液から作られる。近年オオバギの若い実の表面にある白い粉状の物質から作られるプロポリスは、最も高い抗酸化活性を示すことが明らかとなっており、沖縄産のプロポリスが注目を集めている。

春季の日周行動が最も活発で、特に一二時前後が活動のピークである。次に秋季に活動が活発化する。そ

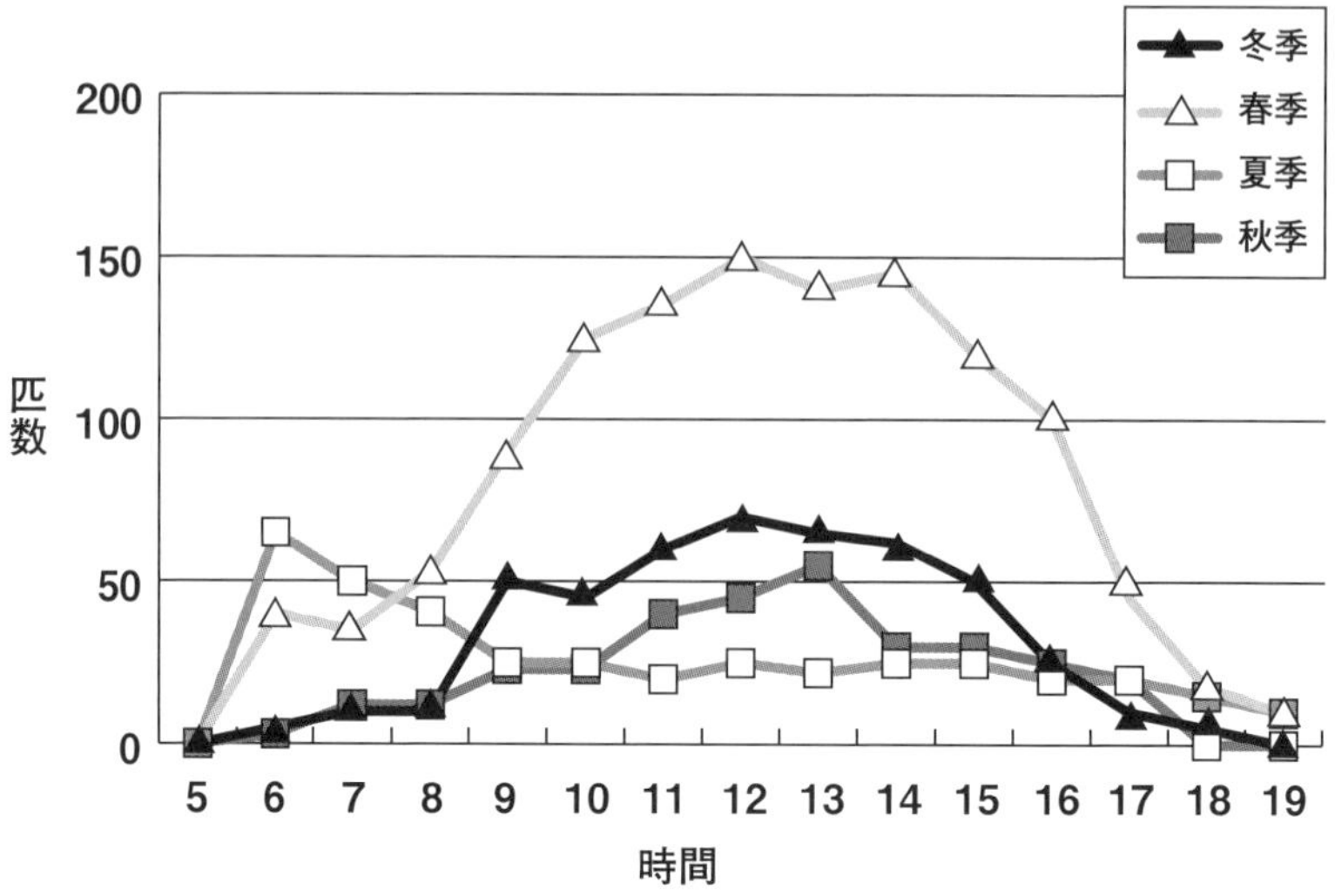

表 3.5.2. 時間ごとの帰巣の季節変化

のため採蜜の時期は春と秋の二回が一般的である。管理が良ければ春二～三、秋には一回と年間三～四回採れる。夏季は暑く、冬季は寒く蜜源植物も少なく、蜂は不活発である。しかし冬でも一五℃以上になるとハチは活動を再開しており、沖縄はある面では養蜂業に適しているといえ、特に、女王蜂の生産供給基地になり得る可能性を秘めている。

花が咲く草木はすべて蜜源植物になるが、沖縄では年中繁茂しているタチアワユキセンダングサ(方言名：サシグサ）が主力である。雑草としては厄介者扱いであるが、ミツバチにとっては貴重な蜜源である。

ミツバチに興味がある方、飼ってみたい方は那覇市首里金城町の新垣養蜂（新垣勉代表）を訪ねることをすすめる。

2. 沖縄における養蜂の始まり

一九五三年、佐賀県の養蜂家山口雄三氏は、沖縄でミツバチを普及させるため来県し、飼育者を募集した。五名が名乗り出て出発したのが、沖縄県における養蜂業の始まりである。そのなかの一人に首里の新垣養蜂の創業者新垣盛弘氏がいた。新垣養蜂は二代目の新垣勉氏に引き継がれている。新垣氏はプロポリス、花粉、蜜など多くの種類の製品を開発し、販売するとともに養蜂の普及に努めている。

また蜂針療法も行い成果をあげている。蜂針治療は、蜂毒で病気を治療する医療行為である。蜂から針だけをピンセットで抜き取り、その針で三回程度患部を刺す簡単な方法である。一回の治療に二〜三匹の蜂が犠牲になる。針治療は神経痛、歯の痛み、打撲などのあらゆる疾患の治療に応用されている。

さらに山口雄三氏は全県的に普及を計るため主な学校にミツバチを寄贈した。これを契機に興味を持つ先生がいた学校では飼われ、興味のない学校では放置された。

著者が学んだ宮古島の鏡原中学校には数学の友利玄純先生が一九五六年にはすでに校庭で飼育していた。石垣島では、一九五五年白保中学校で放置されていた巣箱の蜜を口にした嘉弥真国男少年（当時中学二年、一四歳）は、その味が忘れられず、生涯に渡りミツバチを研究するようになり、『沖縄の蜜源植物』を著した。また、西表島には一〇年遅れて一九六五年導入された。

養蜂業を本格的に行政側が推進したのが、当時のコザ市市長・大山朝常（在任期間一九五八〜一九七四）であった。

大山市長は一九六二年、静岡県で養蜂を営む沖縄出身の富浜義男氏（当時四三歳）を訪ね、養蜂家やイチゴ農家を精力的に視察するとともに職員を派遣し技術の習得と養蜂業の普及に努めた。

その後、第五回コザ市農産物展示即売会（一九六〇）には蜂蜜百本を出品した。しかし養蜂業は沖縄にとっては未知の分野が多く、種々の苦難を強いられた。そのため静岡県の富浜氏に技術指導を要請した。そのことを機に富浜氏は帰郷を決意し、沖縄の養蜂業の再建に尽力した。

また養蜂業者間の横のつながりを強化し、養蜂技術の知識を深めるため沖縄県養蜂組合が一九七四年一一月に設立された。

さらに大山朝常市長は蜜源植物のユーカリの植樹を推進するとともに、嘉手納基地の空き地を有効活用するためシロツメグサ（ホワイトクローバー）を植えるため、当時の米軍のロビンソン司令官にクローバーの植栽を要請した。その結果一九六四年米国本土から種子二〇〇ポンド（九〇kg）以上が空輸され、播種された。シロツメグサはこの時に初めて導入されたのか、以前からあったのか不明であるが、沖縄の植物史上大きな出来事であったことには違いない。

なお、米軍は、終戦まもなく焦土化した琉球列島を緑化するためギンネムの種子を空中散布し、ギンネムを琉球列島に定着させた。もともと、沖縄県には一九一〇（明治四三）年にスリランカから緑肥用として導入されたが、米軍による大規模散布によって生物多様性に深刻な影響を及ぼしている。

ギンネムは蜜源植物であり、緑肥であるが、世界の侵略的外来種に該当している。

3．花粉媒介者としての有用性

ミツバチは、ゴーヤー、スイカ、キュウリ、カボチャなどの果菜類、マンゴーやドラゴンフルーツなど果樹の花粉媒介者（ポリネーター）として大きな役割を果たしている。果菜類や果実の三割がミツバチの花粉媒介者としての働きによるものである。

写真 3·5·8. ドラゴンフルーツと蜂

果菜類の種類が豊富な沖縄では、ミツバチが増えれば、それに伴い自然に果菜類が増産できることになる。ミツバチの力を大いに活用したいものである。

ミツバチは他の家畜と異なりエサをやる必要がないため、飼いやすい生き物である。慣れた人であれば、蜂に刺されずに飼育でき、蜜が採れるとのことであるが、著者は飼育の経験が浅いため、失敗の連続である。経験から学んだ飼育のポイントを次表にまとめた。


【飼育のポイント】

1、巣箱を開ける前に、燻煙すること。蜜蜂は煙にさらされるとおとなしくなるからである。燻煙後、しばらくして蜂がおとなしくなった頃を見計らって、巣箱の蓋をゆっくり開けるのがコツ。
2、燻煙した直後に開くと蜂は暴れだし、こちらを刺しにくる。蓋を開ける際は、静かに震動を与えないように心がける。
3、時々蓋を開け、巣箱の様子を観察し、蜜の溜まり具合、蜂の勢いを観察し、蜂の勢いが弱い巣碑は、勢いの強い巣碑のそばに移動したりすることが大切である。
4、成功の基本は毎日観察することである。外敵であるカタツムリ、ヤモリ、アリなどが時々侵入するので退治する。

4. ミツバチの大量死

二〇〇六年、米国におけるミツバチの大量死が大きく報道され、私たちに衝撃を与えた。「蜂群崩壊症候群」は、その後カナダや欧州にも広がっており、不吉な予感がする出来事である。

原因には、（1）農薬説（2）森林減少説（3）遺伝子組み換え作物説、などが挙げられている。

（1）**農薬説**：これまで使用してきた有機リン系の農薬からネオニコチノイド系に換えたことによるとされる。ネオニコチノイド系農薬は、人体への影響が少なく害虫の昆虫に有効で、散布された農薬が花粉や茎葉に残留し、それを食べたミツバチが被害を被っているということである。

（2）**森林減少説**：ミツバチのプロポリスの原料は森

林の樹液が主な原料である。森林の減少、特に樹種が減少すると抗菌作用の高い、高品質のプロポリスが作れなくなる。プロポリスはミツバチにとっては、あらゆる病気を予防し、自己防衛するための唯一の産物である。このように自然の恵みからもたらされる重要な自己防衛力が低下すると、ウイルスやダニなどに対する抵抗力が無くなり、伝染病が蔓延し、大量死の原因となる。特に米国では、作物といえばトウモロコシ、小麦、大豆畑が延々と続く単作である。ミツバチの行動半径は三キロといわれ、蜜源が一つの作物に偏ると栄養に過不足が生じ、自然抵抗力が無くなるのである。

（3）**遺伝子組み換え作物説**：その狙いは、除草剤に強い作物、病気に強い作物、特定成分を多く含む作物を作り出すことなどである。除草剤に強いということは、除草剤を散布した時、雑草は枯らすが作物には影響しないということである。雑草がすべてなくなると、ミツバチにとっては蜜源植物の種類が減り、質の良い蜂蜜を作るのに不都合である。さらに病気に強い作物＝病害昆虫を寄せ付けない作物であり、それらはつまり、ミツバチをも近づけないことになる。

遺伝子組み換えによって生み出される、特定成分だけが高い作物は、利益を追求する点からは都合が良いが、ミツバチにとってはそうではない。人間のエゴがミツバチを死に追いやっているのではないだろうか。

ミツバチが作るプロポリスは人の免疫力を高め、疲労を回復し、ガンの予防に良いといわれ、広く利用されている。私達人間は、家畜が自らの子供を育てるための乳、体を維持するための筋肉、子孫を増やすための卵、ハチの栄養源である蜜、免疫物質のプロポリスなどを、横から盗み取って利用しているだけである。

効率的な利用目的のために、動物としての能力の限界を遥かに超えた生産を強いられているのが、家畜であるともいえる。

六、野生動物からの家畜化の研究

すべての家畜は野生動物を飼い慣らし、人間の都合の良いように改良を加え仕立て上げたものである。現在も野生動物から新たな家畜化が進められている。しかし、家畜化出来る動物はすでに家畜化され、これから新たに家畜化される動物種はほとんどいないと思われる。

そこで、著者がこれまで研究してきた家畜化の実験について、以下に述べていきたい。

1. ミフウズラ

スーパーで売られているウズラ卵は日本ウズラの卵である。日本における日本ウズラ卵の生産地は愛知県豊橋である。日本ウズラは渡り鳥で、夏は朝鮮・中国

写真 3·6·1. 日本ウズラの雌

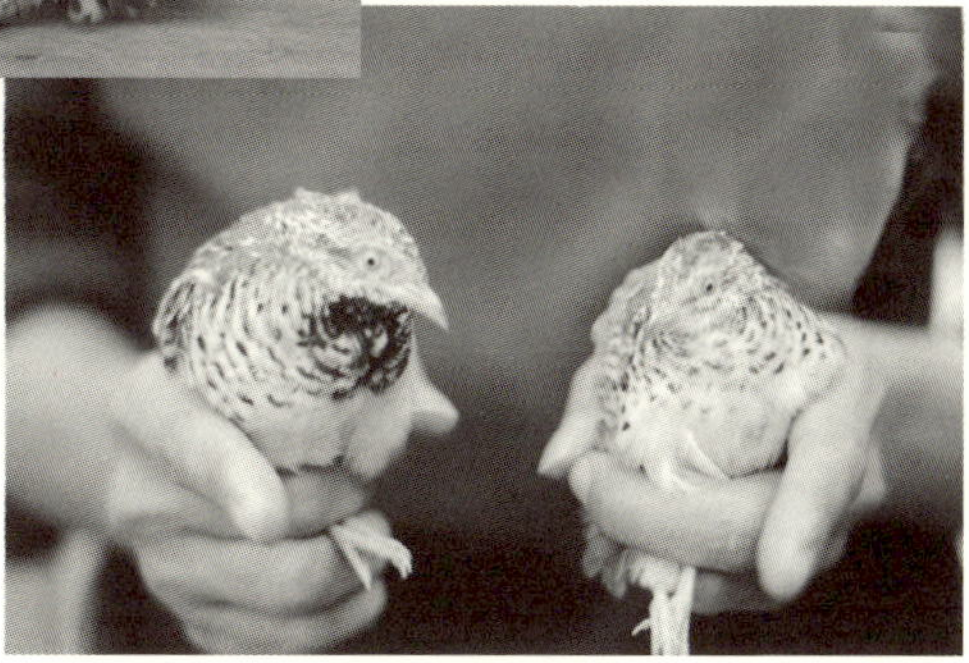

写真 3·6·2. ミフウズラ、
左：雌、右：雄

写真 3・6・3. ミフウズラの巣

大陸で過ごし、冬は日本にやって来る。慶長年間から江戸時代を通じて最も縁起の良い鳥として飼われ、日本で家畜化された、世界に誇るべき鳥である。

他方、沖縄で棲息するウズラはミフウズラで、渡りをしない留鳥である。ミフウズラは足指が三本で、外形は日本ウズラに似ているが分類学的には鶴に近い。写真のように雌は胸に黒羽があり、雄にはない。冬毛では雌の胸の黒羽は無くなる。体重は雌が六七～八三g、雄が五一～五七gと雌が重い。また日本ウズラも雌が雄より大きい。

このウズラは一妻多夫で、雌は卵を約四個産んで雄に抱卵させ、雌は他の雄を求めていく。抱卵と育雛は雄の役目である。孵化日数は一五日、卵重は四・五～五・七gである。

棲息地は、牧草地、古いイモヅル畑、雑草が生えた休耕畑である。畑で大豆を栽培していた頃は、大豆の開花時期に豆畑で巣作をし、大豆の刈り時期にはミフウズラの巣を時々見ることが出来た。ミフウズラは、農道を車でドライブ中に時々見かける。特に、島尻マージである沖縄島南部、読谷、宮古島などの畑では頻繁に見ることが出来る。

著者は、沖縄が日本に復帰した一九七二年、ミフウズラを捕獲し、室内で飼育を試みたが、産卵までにはいたらず途中で実験を中断した。野生動物を家畜化するには、ケージの形、飼育密度、飼料などを厳しく検討し、長期間の実験に取り組む覚悟が必要である。日本ウズラの場合は、飼育の初期段階は床下で飼育し、エサも床の隙間から与えていた。

著者はウズラを捕獲する時、古いイモヅル畑や牧草地などで夜間懐中電灯を照らしながら歩く。するとウズラが飛び立つ、その後を追いかけて行けば二〇～三〇m先で地上に降りる。そこを捕虫網で捕獲した。しかし、この方法では疲れるし、効率が悪い。

私流にたどり着いた捕獲方法とは次のようなものである。

ウズラがねぐらにするような場所、つまり草の生えた休耕畑、古いイモヅル畑、牧草地などを昼間に探索しておく。夜九時以降月夜でない晩、懐中電灯を照らし、ウズラが飛び立たないように忍び足で注意深く探せば、つがいでねぐらにじっとしている。そこを捕虫網で襲い捕獲すれば効率よく捕獲できる。

(注意＝野生動物を捕獲・調査する場合は、動物の種類により県文化環境部自然保護課の許可を得る必要がある)

2. ヨナクニハツカネズミ オキナワハツカネズミ

ヨナクニハツカネズミとオキナワハツカネズミとは外見上は似ていて素人には区別がつかない。ヨナクニハツカネズミはオキナワハツカネズミより一回り小さく、尾の長さも短いのが両種の違いである。一〇週齢のヨナクニハツカネズミの体重が一一～一三gで、尾率(尾長を頭胴長で割った値)が七八～八〇%、オキナワハツカネズミではそれぞれ一二～一五g、一〇四～一〇七%である。尾長は、尾の付け根から尾の先までの長さ。頭胴長は、鼻先から尾の付け根までの長さである。

ヨナクニハツカネズミを、実験室で一般的に飼われているヨウシュハツカネズミに交配すると雑種が生まれ、その雑種も繁殖能力を有することから、両者は近縁で同一種であることがわかる。ヨウシュハツカネズミの体重は三〇g以上であり、ヨナクニハツカネズミ

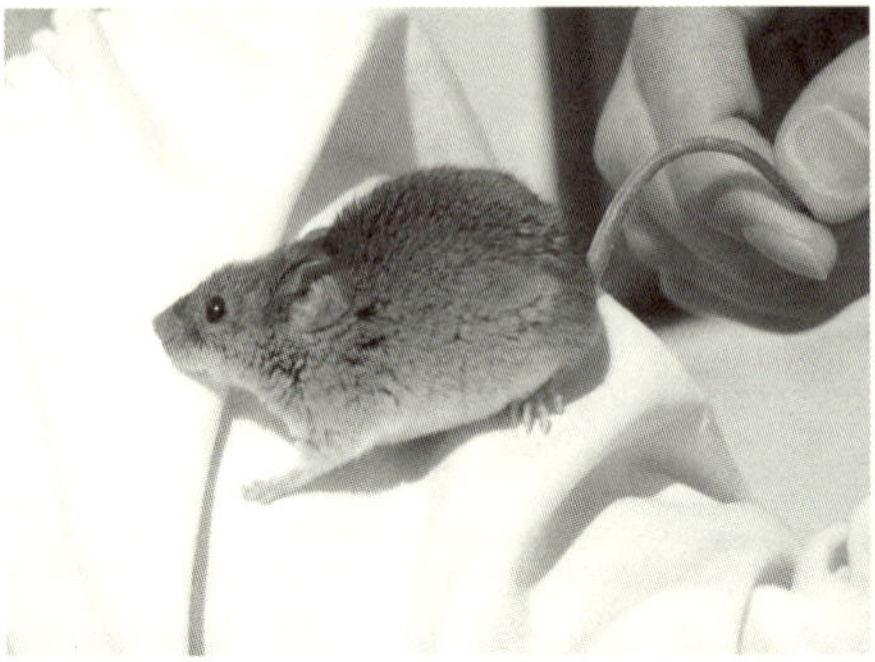

写真 3·6·4. 野生のオキナワハツカネズミ

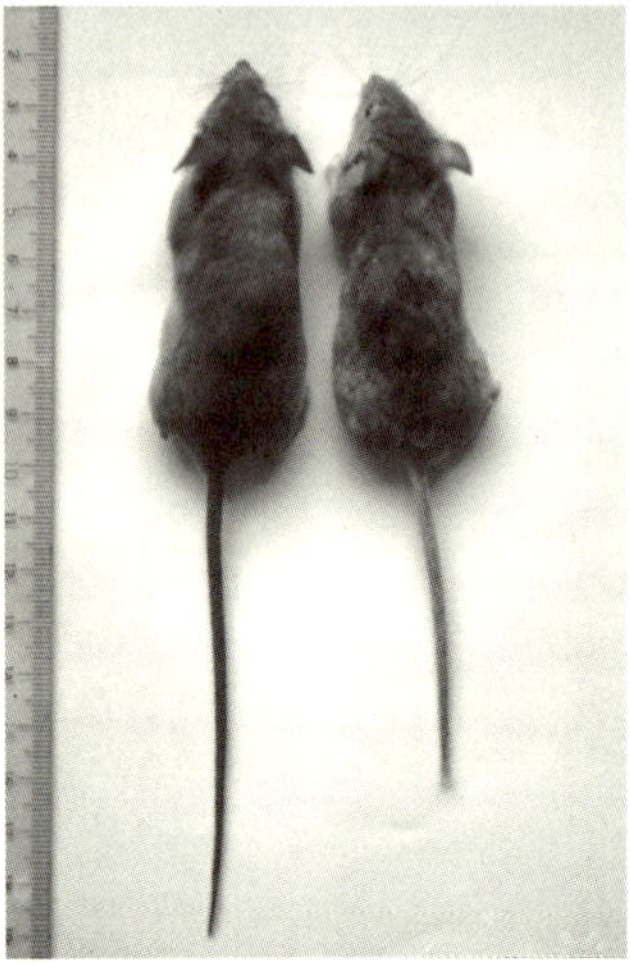

写真 3·6·5. 左：オキナワハツカネズミ、右：ヨナクニハツカネズミ

の倍以上も重い。実験室では、ハツカネズミのことをマウスと呼び、ドブネズミはラットと呼ぶ。

　オキナワハツカネズミ（*Mus caroli caroli*）は、ヨナクニハツカネズミ（*Mus molossinus yonakuni*）やヨウシュハツカネズミ（*Mus musculs*）とは交配できず雑種は生まれない。そのためオキナワハツカネズミとヨナクニハツカネズミは別種であることがわかる。

　捕獲方法は市販のシャーマントラップを用い、エサは圧ぺんオオムギ、マウス用固形飼料、魚肉ソーセージなどを用いればよい。捕獲場所はサトウキビ畑、草の茂った休耕畑、古いイモヅル畑などである。

　ヨナクニハツカネズミとオキナワハツカネズミは飼いやすく、人工的な飼育下で簡単に繁殖することから家畜化は容易である。

　さらにリュウキュウジャコウネズミ（方言名は沖縄島：ミックァ（目くら）ビーチャー、宮古島：ザカ）は名古屋大学の精力的な研究により家畜化に成功、実験動物として利用されている。

付録　畜産についての豆知識

中央畜産会発行の「CHIKUSAN DIARY」を参考に、動物を飼育管理するのに必要な基礎知識を、簡単にまとめてみたい。

表 4-1. 家畜の体温・心拍・呼吸数

種類	体温（℃）	脈拍（1 分間）	呼吸（1 分間）
牛（成）	38.5	36 ～ 80	12 ～ 15
牛（子）	39.5	80 ～ 100	
馬（成）	37.5	28 ～ 40	6 ～ 15
馬（子）	38.0	40 ～ 56	
めん羊（成）	39.0	70 ～ 80	12 ～ 20
めん羊（子）	39.5	100 ～ 120	
山羊（成）	39.0	70 ～ 80	12 ～ 20
山羊（子）	39.5	100 ～ 120	
豚	39.0	60 ～ 80	15 ～ 20
兎	39.5	110 ～ 150	20 ～ 30
鶏	42.0	150 ～ 200	10 ～ 28
犬	38.5	115 ～ 125	15 ～ 25
猫	38.5	110 ～ 120	20 ～ 30
人	36.3	60 ～ 70	15 ～ 20

表 4-2. 去勢・除角・断嘴の時期

去勢	時期
肉用牛	2 ～ 4 ヶ月
乳用牛	0.5 ～ 5 ヶ月
豚	離乳前後
馬	明け 2 歳
除角	
山羊	5 ～ 7 日
牛	4 ～ 10 日
断嘴	
採卵鶏	4 ～ 5 週
ブロイラー	0 ～ 1 週

表 4-3. 家畜の飼料要求率

和牛	6.5
豚	3.0
採卵鶏	2.2
ブロイラー	1.9

飼料要求率＝
飼料消費量 kg ／増体重 kg
つまり 1kg の肉と卵を生産するのに要する飼料の量である。

表 4-4. 家畜の受精適期と精液量

畜種	発情開始後受精適期	1 回の射精量（ml）	1 回の注入量（ml）	1 回の注入精子数
牛	15 ～ 20 時間	4 ～ 10	0.5 ～ 1.0	2500 万以上
馬	5 ～ 6 日	30 ～ 100	20 ～ 25	10 億以上
めん羊	15 ～ 20 時間	0.8 ～ 1.2	0.2 ～ 0.3	1 億以上
山羊	15 ～ 20 時間	0.5 ～ 1.5	0.2 ～ 0.3	1 億以上
豚	10 ～ 20 時間	150 ～ 300	50	50 億以上

表4･6. 家畜の妊娠期間・ふ化日数（単位：日）

ほ乳類	乳用牛	280
	肉用牛	282
	馬	335
	豚	114
	めん羊	150
	山羊	152
	犬	60
	猫	63
	兎	31
	水牛	311
	マウス	19
	ラット	20
	モルモット	68
	ハムスター	16
	アジアゾウ	645
	ラクダ	315
	カンガルー	39
	サル	164
	キツネ	52
鳥類	ニワトリ	21
	バリケン	35
	アヒル	28
	ガチョウ	30
	七面鳥	28
	ウズラ	17
	ミフウズラ	15
	ホロホロ鳥	25
	クジャク	29
	ハト	18
	カナリヤ	14

表4･5. 家畜の寿命と繁殖諸形質

形質	乳牛	肉用牛	馬	豚	めん羊	山羊	家兎	鶏	うずら
寿命（年）	20～39	20～30	30～40	15～20	15～20	15～20	8～10	10～12	3～4
種付け開始月齢（雌）	14～22	14～22	36	9～10	9～18	12～18	6～7	6	2
種付け開始月齢（雄）	12	12	36	10	9～12	9～12	8	6	2
繁殖許容年限（雌）	10～12	7～9	15～20	6～7	9～10	9～10	3	3～4	1～2
繁殖許容年限（雄）	10～15	10～15	16～20	6～7	7～8	8～9	3	3～4	1～2
発情周期（日）	20～21	20～21	22～23	20.5	17	20.4	7	—	—
発情持続時間	15～21	15～21	7（日）	2.5（日）	32	40	46～72	—	—
離乳月齢	3	4	5～6	1.5	3～4	2～3	1	—	—
繁殖季節	年間	年間	春～夏	年間	秋	秋	年間	年間	年間

表 4·7. 家畜の糞と尿の排出量（kg）

畜種	体重（kg）	生糞重（乾物重）	尿	合計
乳牛 搾乳牛	600 ～ 700	36（5.7）kg	14 kg	50 kg
乾乳牛	550 ～ 650	21（4.2）kg	6 kg	27 kg
育成牛	40 ～ 500	16（3.6）kg	7 kg	23 kg
肉用牛 2 歳未満	200 ～ 400	16（3.6）kg	7 kg	23 kg
2 歳以上	400 ～ 700	18（4.0）kg	7 kg	25 kg
肥育牛	250 ～ 700	16（3.6）kg	7 kg	23 kg
豚 子豚	3 ～ 30	0.5（0.15）kg	1.0 kg	1.5 kg
肥育豚	30 ～ 110	1.9（0.53）kg	3.8 kg	5.7 kg
繁殖豚	150 ～ 300	3.0（0.83）kg	7.0 kg	10.0 kg
採卵場 ヒナ	－	43（13）g	－	43g
成鶏	－	100（30）g	－	100g
肉鶏 ブロイラー	－	87（26）g	－	87g

表 4·8. 平成 19 年度の日本と沖縄県の家畜飼養頭羽数 （ ）：沖縄県、＊：単位千

畜種	乳用牛	肉用牛	豚	馬	めん羊	山羊	採卵場	ブロイラー
戸数	25,400 (108)	82,300 (3,127)	7,550 (345)	不明 (152)	不明 (0)	不明 (1,512)	3,460 (474)	2,583 (33)
頭羽数	1,592,000 (5,283)	2,806,000 (85,358)	9,759,000 (240,119)	83,974 (583)	11,000 (0)	21,000 (9,942)	142,765 ＊ (1,461 ＊)	105,287 ＊ (732 ＊)

表 4·9. 国民一人当たり年間消費量（平成 18 年度、kg）

牛乳	乳製品向け牛乳	牛肉	豚肉	鶏肉	鶏卵
35.8 (27.9)	56.3 (不明)	5.5 (7.0)	11.5 (13.0)	10.6 (10.6)	16.6 (16.6)

（ ）：沖縄県の資料は平成 17 年度

表 4·10. 沖縄県の家畜家禽飼養頭数の比較（平成 20 年度と最高数時）

平成 20 年度			最高時		
畜種	戸数	頭羽数	年度	戸数	頭数
乳用牛	95	5,151	平成 4	180	9,755
肉用牛	3,118	86,104	平成 20	3,118	86,104
豚	365	238,091	昭和 62	1,702	346,229
採卵鶏	452	1,377,845	平成 15	562	1,617,791
ブロイラー	26	562,922	平成 2	30	989,713
山羊	1,544	9,764	昭和 11	56,441	155,198
乳用山羊	3	149	昭和 35	不明	1,310
馬	142	619	昭和 11	35,000	46,824
家兎	91	544	昭和 25	不明	40,956
水牛	18	78	昭和 45	1,303	1,382
ミツバチ	92	2,969	昭和 63	62	4,970
ダチョウ	21	168	平成 11	20	895
アヒル	173	4,091	不明	不明	不明

※馬の「最高時」のみ戸数は概数

1．妊娠期間の覚え方

(1) めん羊いごに（以後に：152）牛馬ふやしみよ。（増やし：284、見よ 340）。

これは山羊と羊は 152 日、牛は 284 日、馬は 340 日になることを意味する。

(2) 豚は 3 ヶ月 3 週 3 日＝ 114 日。

(3) 人は 40 週＝ 280 日（受精日からは 38 週 = 266 日）。

2．必須アミノ酸の覚え方

人の必須アミノ酸は 9 種類で、「メチオニン、スレオニン、ヒスチジン、バリン、リジン、イソロイシン、フェニルアラニン、トリプトファン、ロイシン」。語呂合わせでは「メスヒバリあイフトロー」（雌ヒバリ愛肥ろー）である。なお、アルギニンは以前は必須であったが、現在は除外されている。以上は体内で合成できないため食物として摂取しなければならない。これらのアミノ酸を必須アミノ酸と言う。そのため畜産物の乳肉卵は必須の食料である。なお必須アミノ酸の種類は動物種により異なる。

必須アミノ酸以外の 11 種類のアミノ酸は「アルギニン、アラニン、アスパラギン、アスパラギン酸、グリシン、グルタミン、グルタミン酸、チロシン、プロリン、セリン、シスチン」でこれらは体内で合成され、非必須アミノ酸と呼ばれている。語呂合わせでは「ア 4、グ 3、チップセシ：足にグサリ、チップセシ」める。これら 20 種類のアミノ酸が蛋白質合成に関与している。

なお、語呂合わせとしての必須アミノ酸の覚え方は、「メスロバヒトリフェリイノル」（雌ロバ 1 人フェリイ乗る）、「アメフリヒトイロバス」（雨降り人色バス）などがある。

他方、人を始め霊長類はビタミン C を合成する遺伝子を持っていないため食物として摂取しないと、脚気に罹り死亡する。

3．出産日を予測する

(1) 牛

○交配した月が 4 月から 12 月の場合は、月から 3 を引き、交配した日に 10 を足す。　つまり（月－ 3）＋（日＋ 10）。

○交配した月が 1 月～ 3 月の場合は、月に 9 を加え、日に 10 を加えればよい。つまり（月＋ 9）＋（日＋ 10）

[例 1] 8 月 5 日に交配

出産予定月は 8 － 3 で 5 月、
出産予定日は 5 ＋ 10 で 15 日、
つまり来年の 5 月 15 日が出産予定日になる。

[例 2] 8 月 25 日に交配

出産予定月は 8 － 3 で 5 月、
出産予定日は 25 ＋ 10 で 35 日、30 日が繰り上がり、
来年の 6 月 5 日が出産予定日になる。

［例 3］２月 15 日に交配

出産予定月は２＋９＝ 11 月

出産予定日は 15 ＋ 10 ＝ 25 日

交配した年の 11 月 25 日が出産予定日になる。

(2) 人

最終月経のあった月から３を引く、最終月経のあった初日に７を加える。月から３が引けないときは９を加える。

［例 1］最終月経が７月５日の場合

7–3 ＝４月、５＋７＝ 12 日で４月 12 日が出産予定日である。

［例 2］最終月経が２月５日の場合

２＋９＝ 11 月、５＋７＝ 12 日で 11 月 12 日が出産予定日である。

一般的に採用している妊娠期間は 40 週間＝ 280 日間である。

＊低温期の最終日が排卵日で、その日を受精日とすると、その日から 266 日（38 週）後が出産予定日である。つまり人の妊娠期間は 266 日（38 週）である。畜産学的にはこれを採用すべきではないだろうか。家畜の場合は交配日が明確であるからである。

4. 飼料の配合の調整法と薬品のうすめ方

［例 1］蛋白質含量が 60%の魚粉と 10%のフスマを混ぜ 25%のエサを作る場合

材料の魚粉は 60%、フスマは 10%を置き、対角線に目標値の 25%を置き、単純に対角線上に差を求めれば、それぞれの配合の比率が求まる。

魚粉 60　　　10 − 25 = 15

25

フスマ 10　　　60 − 25 = 35

マイナスの値にならないように絶対値を用い 25%の蛋白含量にするには魚粉 15kg に対しフスマ 35kg の割合で配合する。比率が 15kg：35kg または 1：3.3 になるようにすればよい。

［例 2］99%のアルコール溶液に蒸留水を加え、70%消毒用アルコール溶液を作る場合

アルコール 99　　　0 − 70 = 70

70

蒸留水 0　　　99 − 70 = 29

70%の溶液を作るにはアルコール 70 ℓ に蒸留水 29 ℓ を加えればよい。比率ではアルコール 70：蒸留水 29 の割合または約 2.4：1 になる。

5. 家畜の年齢を人の年齢へ換算

寿命を基準に、人の寿命を家畜の寿命で割った値で換算する方法を著者は提案する。つまり各家畜の平均寿命を表 4・11 の中間点をとり、人の平均寿命を 80 歳とすればそれぞれ換算する計数が求まる。

表 4·11. 家畜の平均寿命と人の年齢に換算する係数

項目	乳牛	肉用牛	馬	豚	めん羊	山羊	家兎	鶏	うずら	人
寿命	30	25	35	17.5	17.5	17.5	9	11	3.5	80
換算係数	2.7	3.2	2.3	4.6	4.6	4.6	8.9	7.3	22.9	1.0

例えば、乳牛の年齢が 5 歳ならば 2.7 を乗じれば 13.5 歳となり、乳牛の 5 歳は人では 13.5 歳となる。

6. 卵のサイズ

卵は重量により表 4.12 のように 6 つのサイズに分けられ、価格に違いがある。表の値段はある養鶏業者が販売している価格である。

表 4·12. 卵のサイズ

サイズ	重量	1 パック	価格
SS	46g 以下		
S	46 ー 52g	12 個	白玉 150 円　赤玉 200 円
MS	52 ー 58g	11 個	白玉 150 円　赤玉 200 円
M	58 ー 64g	10 個	白玉 200 円　赤玉 220 円
L	64 ー 70g	10 個	白玉 220 円　赤玉 250 円
LL	70g 以上		

注：SS は初産の卵で少ない。LL は特大の卵でこれも少ない。時には 2 黄卵（1 個の卵の中に卵黄が 2 つある場合）もある。

7. 摂氏（℃）と華氏（° F）

摂氏→華氏は、摂氏 ×1.8 ＋ 32
華氏→摂氏は、（華氏−32）÷1.8

参考文献および論文

【第一章】

1）林田重幸 . 1964. 日本馬の源流 . 自然 . 19:58-63.
2）野澤謙・西田隆雄 . 1970. 日本とその周辺の在来家畜の由来 . 科学 . 40:30-35.
3）野澤謙 . 1971. 日本在来家畜の起源 . 化学と生物 . 9:710-718.
4）横山重編纂. 1972. 琉球史料叢書　第 1 巻 . 東京美術 .
5）星川清親 . 1978. 栽培植物の起源と伝播 . 二宮書店 . 東京 .
6）H・デンベック（小西正泰・渡辺　清訳）. 1979. 家畜のきた道 . 築地書館 .
7）伊波盛誠 . 1979. 琉球動物史 . ひるぎ書房 . 沖縄 .
8）野澤謙・西田隆雄 . 1981. 家畜と人間 . 出光書店 . 東京 .
9）渡嘉敷綏宝 . 1982. 家畜百話 . 月刊沖縄社 . 沖縄 .
10）J・クラットン＝ブロック（増井久代訳）. 1991. 図説・動物文化史事典 —人間と家畜の歴史—. 原書房 . 東京 .
11）クリスチャン・ダニエルス . 1992. 中国製糖技術の徳川日本への移転 . 国際交流 . 59:75-85.
12）新城俊昭 . 1997. 琉球・沖縄史 . 東洋企画 . 沖縄 .
13）玉盛映聿・ジョン C. ジェームズ . 2000. 沖縄社会経済要覧 . りゅうぎん国際化振興財団出版 . 沖縄 .
14）松井　章・石黒直隆・本郷一美・南川雅男 . 2001. 野生のブタ？飼育されたイノシシ？. 45－78. イノシシと人間-共に生きる（高橋春成　編）. 古今書院 . 東京 .
15）中尾佐助 . 2001. 栽培植物と農耕の起源 . 岩波書店 . 東京 .
16）佐々木高明 . 2003. 南からの日本文化（上・下）.　NHK ブックス . 東京.
17）沖縄県文化振興会. 2003. 沖縄県史　各論編 2　考古 . 沖縄県教育委員会 . 沖縄 .
18）池谷望子・内田晶子・高瀬恭子編・訳. 2005. 朝鮮王朝実録　琉球史料集成【訳注編】. 榕樹書林. 沖縄.
19）池田榮史編 . 2008. 古代中世の境界領域キカイジマの世界 . 高志書院 . 東京 .
20）新城明久 . 2009. 琉球在来家畜の保存と活用 . 日本暖地畜産学会報 . 52:5-9.
21）在来家畜研究会編 . 2009. アジアの在来家畜 . 名古屋大学出版 . 名古屋 .

【馬】

1）林田重幸 . 1964. 日本馬の源流 . 自然 . 19: 58-63.
2）新城明久 . 1976. 宮古馬の体型と改良の経過 . 日本畜産学会報 . 47:423-429.
3）野澤謙・庄武孝義 . 1981. 日本在来馬の類型化について . 9-72. 日本馬事協会 . 東京 .
4）長浜幸男 . 1983. 宮古の在来馬 . 宮古研究 . 4:57-77.
5）日本馬事協会編 . 1984. 日本の在来馬 -その保存と活用-. 日本馬事協会 . 東京 .
6）宮古畜産史編集委員会 . 1984. 宮古畜産史 . 宮古市町村会 . 沖縄 .
7）畜産技術協会編 . 1991. 戦後馬役利用技術の変遷 . 畜産技術協会 .
8）Nozawa K, Shotake T, Ito S, Kwamoto Y. 1998. Phylogenetic relationships among Japanese native and alien horses estimated by protein polymorphisms. Journal Equine Science. 9:53-69.
9）川嶋舟 . 2003. 日本在来 8 馬種の近縁関係に関する研究 . 東京大学博士学位論文 .
10）新城明久 . 2005. 宮古馬、ピンチからの脱出. HORSE・MATE. 45:11-14.
11）田中高荘（監）. 2005. 高等学校 生物Ⅱ . 第一学習社 . 広島 .

12) 新城明久.2006. 与那国馬の起源・利用・保存と課題. HORSE・MATE.47:5-10.
13) 新城明久.2007. 宮古馬の保存頭数の推移と近交係数. 琉球応用生物.21:1-6.

【豚】
1) 田中一栄.1967. 琉球諸島における豚. 日本在来家畜調査団報告.2:55-57.
2) R. ゴールドシュミット(平良研一・中村哲勝訳).1981. 大正時代の沖縄. 琉球新報社. 沖縄.
3) 當山眞秀.1986. 豚. 沖縄県農林水産行政史 第5巻(畜産編・養蚕編).233-308. 沖縄県農林水産行政史編集委員会編. 農林統計協会. 東京.
4) 新城明久・嵩原健二.1992. 沖縄県在来畜養動物実態緊急調査報告書. 沖縄県天然記念物調査シリーズ.32: 1-50.
5) 粟国静夫・寺田直樹・笹沼清孝・新城明久.1993. 琉球豚の体型測定値についての主成分分析. 獣医情報科学雑誌.31: 7-11.
6) 宮城吉通.1998. 沖縄在来豚「アグー」の復元と沖縄の食文化. 畜産コンサルタント.407:46-50.
7) 仲村敏・大城まどか・稲嶺修・鈴木直人・吉元哲兵・建本秀樹・渡慶次功・玉代勢秀正.2005. 琉球在来豚(アグー)の効率的繁殖技術の確立. (1) ブタ凍結精液作成時の室温放置に用いる精子処理液と放置時間の検討. 沖縄県畜産研究センター試験研究報告.43:12-20.
8) 大城まどか・仲村 敏・鈴木直人・太田克之・渡久地政康.2005. 琉球在来豚アグーの繁殖性および哺育・育成成績への近親交配による影響. 沖縄畜産.40:11-15.
9) 新城明久.2007. 農業・産業活性化のヒント 沖縄の自立に向けて. 新星出版. 沖縄.

【山羊】
1) 新城明久・宮城満・下地孝志.1978. 沖縄肉用ヤギの飼育実態、外部形態的遺伝形質および体型. 日本畜産学会報.49:413-419.
2) 新城明久.1979. 沖縄肉用ヤギの雑種化に関する遺伝学的分析. 日本畜産学会報.50:614-622.
3) 新里玄徳・新城明久.1980. 家畜(豚、山羊、水牛および牛)における染色体観察. 沖縄畜産.15:15-21.
4) 新城明久・當真正徳.1984. 日本ザーネン種と沖縄肉用山羊の分娩季節と産子数. 日本畜産学会報.55:377-380.
5) 渡嘉敷綏宝.1984. 沖縄の山羊. 那覇出版. 沖縄.
6) 渡嘉敷綏宝.1986. 山羊. 沖縄県農林水産行政史 第5巻(畜産編・養蚕編).309-349. 沖縄県農林水産行政史編集委員会編. 農林統計協会. 東京.
7) 日本緬羊協会編.1994. めん羊・山羊のガイドブック. 日本緬羊協会. 東京.
8) 日本緬羊協会編.1996. めん羊・山羊技術ガイドブック. 日本緬羊協会. 東京
9) 新城明久・菅 大助・Edy KURNIANTO・野澤 謙・萬田正治.1998. 馬渡島の再野生化ヤギの体型と遺伝子構成. 日本畜産学会報.69:469-474.
10) 萬田正治.2000. ヤギ. 農山漁村文化協会. 東京.
11) 仲村将風・新城明久.2001. ボア一種, アルパイン種および沖縄ザーネン種の体型および外部形態的遺伝形質. 琉球応用生物.15:14-25.
12) 家畜改良センター.2002. 山羊の飼養管理マニュアル. 家畜改良センター. 長野.
13) 家畜改良センター.2003. 山羊の繁殖マニュアル. 家畜改良センター. 長野.

14）平川宗隆・新崎裕子・砂川勝徳・新城明久 . 2007. ボアーヤギの分娩季節、産子数および体型測定値 . 日本畜産学会報 . 78:15-20.
15）ヤギ好き編集部 . 2009. ヤギ飼いになる . 誠文堂新光社 . 東京 .
16）平川宗隆 . 2009. 沖縄でなぜヤギが愛されるのか . ボーダーインク . 沖縄 .
17）全国山羊ネットワークホームページ
http://www.japangoat.net" http://www.japangoat.net

【牛】

1）大塚閏一. 1979. 東南アジアの家畜. 東南アジア理解への道　外国文化紹介講演会 11. 国際交流基 . 46 － 61.
2）松田幸治 . 1982. 徳之島の闘牛 . 南國出版 . 鹿児島 .
3）久貝徳三 . 1986. 肉用牛 . 沖縄県農林水産行政史 第５巻(畜産編・養蚕編). 79-144. 沖縄県農林水産行政史編集委員会編 . 農林統計協会 . 東京 .
4）宮里松善 . 1986. 乳用牛 . 沖縄県農林水産行政史 第５巻(畜産編・養蚕編). 145-194. 沖縄県農林水産行政史編集委員会編 . 農林統計協会 . 東京 .
5）玉城政信・石垣　勇・千葉好夫・大城照政 . 1991. 牛の昼間分娩促進に関する試験 . 沖畜試験報 . 29:23-27.
6）伊波栄信 . 2009. 沖縄の闘牛 . 伊波栄信 . 沖縄 .

【在来鶏（チャーン）】

1）新城明久・及川卓郎・笹沼清孝 . 1985. ウタイチャーン（沖縄地鶏）の体型測定値と外部形態的遺伝形質 . 琉球大学農学部学術報告 . 32:91-98.
2）松田祐一 . 1986. 鶏 . 沖縄県農林水産行政史 第５巻（畜産編・養蚕編）. 351-408. 沖縄県農林水産行政史編集委員会編 . 農林統計協会 . 東京 .
3）田名部雄一・飯田隆・吉野比呂美・新城明久・松村　晋 . 1991. 日本鶏の蛋白質多型による品種の相互関係と系統に関する研究 . 5. 日本鶏、日本周辺鶏、西洋鶏の比較 . 日本家禽学会誌 . 28:266-277.
4）伊計光義 . 1994. 県指定天然記念物チャーンの保存育成 . 沖縄県天然記念物調査シリーズ . 34 : 3-16.
5）Si Lhyam Myint・下桐　猛・川邉弘太郎・岡本　新・平瀬一博・家入誠二・新城明久・前田芳實. 2008. 卵白タンパク質多型からみた日本鶏の特徴ならびにアジア在来鶏との比較. 西日本畜産学会報 . 第 59 回大会号 : 64.

【水牛】

1）新城明久 . 1977. 沖縄における水牛の来歴、体型および飼育実態 . 日本畜産学会報 . 48:144-148.
2）新城明久 . 1977. 沖縄における水牛の体型の島嶼間比較と体格部位間の相関 . 琉球大学農学部学術報告 . 24:457-463.
3）Shinjo A, Yonemori S, Shinjo T. 1983. Meat production in Swamp Buffalo (*Bubalus bubalis*) raised in the Humid Sub-tropics. Japan. J. Trop. Agr. 27:237-243.
4）柏原孝夫 . 1984. 熱帯の水牛 . 国際農林業協力協会 . 東京 .
5）国場保・高吉克典・比嘉弘正・金城英企・新城明久 . 1989. 八重山における水牛の各種アルボウイルスに対する抗体保有状況 . 沖縄県家畜衛生試験場年報 . 24:57-60.

【琉球犬】
1）田名部雄一 . 1985. 犬から探る古代日本人の謎 . PHP 研究所 . 京都 .
2）新垣義雄 . 1994. 琉球犬の保存と課題 . 沖縄県天然記念物調査シリーズ . 34:31-44.
3）新垣義雄・仲本　隆・新城明久・田名部雄一 . 1991. 琉球犬の体型と遺伝学的特徴 . 沖縄県獣医師会年報 . 15:70-77.
4）田名部雄一 . 1998. 日本犬の起源に関する考察. 獣医畜産新報 . 51: 9-14.
5）田名部雄一 . 2004. イヌの起源と系統. 在来家畜研究会報告 . 21: 327-340.
6）http://www.nihonken-hozonkai.or.jp/

【猫】
1）野澤　謙 . 1996. ネコの毛並み . 裳華房 . 東京 .
2）仁川純一 . 2003. ネコと遺伝学 . コロナ社 . 東京 .
3）野澤 謙 . 2004. 毛色など形態遺伝学的多型による日本と東アジア地域の feral cat　の起源と系譜 . 在来家畜研究会報告 . 21:341-362.

【かんのんアヒル】
1）古野隆雄 . 1992. 合鴨ばんざい-アイガモ水稲同時作の実際 . 農山漁村文化協会 . 東京 .
2）出雲章久 . 1993. バリケン・ドバンの特徴と利用の現状 . 畜産の研究 . 47:171-174.
3）http://www.shizenhaku.wakayama-c.ed.jp/qa2-bariken.html

【ミツバチ】
1）嘉弥真国雄 . 1988. 緑が丘学園の植物図鑑 . 嘉弥真国雄 . 沖縄
2）角田公次 . 2002. ミツバチ . 農山漁村文化協会 . 東京 .
3）嘉弥真国雄 . 2002. 沖縄の蜜源植物 . 沖縄タイムス社 . 沖縄
4）高橋純一・片田真一 . 2002. 西表島の養蜂とセイヨウミツバチの帰化状況 . ミツバチ科学 . 23:71-74.
5）比嘉房枝・新城明久 . 2006. 沖縄県における養蜂業の実態調査 . 琉球応用生物 . 20:1-15.
6）嘉弥真国雄・新城明久 . 2008. 沖縄におけるミツバチの年間日周行動 . 琉球応用生物 . 22:1-15.
7）熊澤茂則 . 2009. ミツバチに学ぶ有用植物資源　—沖縄産プロポリスの意外な起源植物— . 現代化学 . 459:49-54.

【野生動物からの家畜化】
1）新城明久・水間豊・西田周作 . 1971. 日本ウズラにおける近交退化に関する研究 . 日本家禽学会誌 . 8:231-237.
2）池田正治・新城明久 . 1974. ミフウズラの特性に関する研究 . 沖縄畜産 . 9:29-33.
3）新城明久 . 1974. ヨナクニハツカネズミとヨウシュハツカネズミの交配試験 . 成長 . 13:33-36.
4）新城明久・島尻強 . 1986. ヨナグニおよびオキナワハツカネズミの繁殖と成長 . 沖縄畜産 . 21:38-48.

あとがき

著者は「琉球在来家畜の保存と活用」を研究課題に四〇年以上に渡り取り組んできた。これまで集めた写真を見ながら在来家畜の現状を理解し、さらなる活用と活性化の道を探るため本著をまとめた。さらに私達は家畜の恩恵を受けながら、家畜のことに関しては知らない点が多い。そのため本書では、家畜についての基礎知識がさりげなく得られるように試みた。ある面では畜産の入門書ともいえる。

ミツバチに関しては、玉川大学ミツバチ科学研究センター主任の中村純教授にたいへん有益な助言をいただき、感謝申し上げる。

出版の機会を与えていただくとともに読者により読みやすく、理解しやすいような文章に近づけていただいた喜納えりかさんをはじめボーダーインク社の皆様方に心から感謝申し上げる。

在来家畜の宝庫である沖縄の島々への関心が深まり、保存と活用が一歩でも前進することを願いつつ筆をおく。

基本的には足で稼いだ写真で構成する予定で取り組んだが、どうしても満たすことが出来ず、左記の方々の写真を拝借することになりました。ここに記して深く感謝する。

ケラマジカの写真一・三・一：宮古総合実業高等学校教諭　城間恒宏／与那国馬の写真二・一・一：琉球大学元教授　古謝瑞幸／宮古馬乗馬体験の写真二・一・一六、宮古馬競馬の写真二・一・一七：宮古新報社／琉球在来豚の写真二・二・一：日本在来家畜調査団、東京農業大学教授　田中一栄／副乳頭の写真二・三・三、トカラ山羊の写真二・三・四、／口之島牛の写真二・四・一、二・四・二：鹿児島大学教授　中西良孝／見島牛の写真二・四・三：麻布大学講師　田中和明／ホルスタイン種の写真二・四・五：家畜改良事業団／水牛車の写真三・一・一〇：琉球大学附属熱帯生物圏研究センター准教授　新城健／チャーンの写真二・五・一と琉球犬の写真三・二・一：新星出版社　村山望／

二〇一〇年八月

新城　明久（しんじょう・あきひさ）

現在：琉球大学名誉教授、データ・アナリシス研究所代表。
出生地：沖縄県宮古島市
最終学歴：東北大学大学院農学研究科博士課程修了
主な著書：『新版　生物統計学入門』（朝倉書店）、『新版　動物遺伝育種学入門』（琉大農学部）、『PC SAS による基礎統計学入門』（東海大学出版会）、『ノンパラメトリック法』（金城印刷）、『農業・産業活性化へのヒント』（新星出版）など。

沖縄の在来家畜
その伝来と生活史

2010 年 9 月 27 日　初版第一刷発行

著　者　新城　明久
発行者　宮城　正勝
発行所　ボーダーインク
〒 902-0076　沖縄県那覇市与儀 226-3
電話 098-835-2777　fax098-835-2840
印　刷　株式会社　近代美術

ISBN978-4-89982-189-2　C0045　定価 1680 円（税込）